国家“十二五”“863”计划课题“农田水肥联合调控技术与设备”(2011AA100504)
河南省高等学校重点科研项目(16A416008)
河南省科技攻关计划项目(182102310838)
南阳师范学院博士科研启动项目

基于覆膜进程控制的水肥高效利用技术

蒋耿民 著

黄河水利出版社
·郑州·

内 容 提 要

本书针对覆膜作物存在的主要问题，重点研究不同覆膜进程对玉米生长、产量、耗水特性、土壤水肥运移及土壤微环境的影响，探索不同覆膜进程下玉米耗水规律、水肥转化及产量的形成机制，以提高覆膜玉米水肥利用效率和改善根区土壤微环境为核心，以提高覆膜玉米产量为目标，依据覆膜玉米生长的环境条件和可调节的灌水施肥措施，定量确定更有效的水肥调控优化决策方法和覆膜进程，实现覆膜玉米水肥高效利用理论的创新，在此基础上提出覆膜玉米水肥高效利用的最佳覆膜模式，实现覆膜栽培理论和技术的突破。

本书可供相关专业院校师生及从事农田水利工作的技术人员阅读参考。

图书在版编目(CIP)数据

基于覆膜进程控制的水肥高效利用技术/蒋耿民著
.—郑州：黄河水利出版社，2019.5
ISBN 978－7－5509－2386－7

Ⅰ.①基…　Ⅱ.①蒋…　Ⅲ.①玉米－肥水管理　Ⅳ.①S513

中国版本图书馆 CIP 数据核字(2019)第 105310 号

出 版 社：黄河水利出版社　　网址：www.yrcp.com
地址：河南省郑州市顺河路黄委会综合楼 14 层 邮政编码：450003
发行单位：黄河水利出版社
发行部电话：0371－66026940、66020550、66028024、66022620(传真)
E-mail：hhslcbs@126.com
承印单位：虎彩印艺股份有限公司
开本：890 mm×1 240 mm　1/32
印张：3.625
字数：105 千字　　印数：1—1 000
版次：2019 年 5 月第 1 版　　印次：2019 年 5 月第 1 次印刷

定价：35.00 元

前 言

地膜是现代农业重要的生产资料,其集水、蓄水、保温、保墒作用显著。覆膜技术的推广应用极大地促进了农业产量和效益的提高,带动了农业生产方式的转变和农业生产力的飞跃发展。2014 年我国地膜用量超过 144 万 t,农作物地膜覆盖面积近 3 亿亩。覆膜技术的广泛应用已使我国粮食作物增产 20% ~35%,经济作物增产 20% ~60%,对保障中国粮食和经济作物的安全供给做出了重大贡献。但长期覆盖地膜会加大土壤地力消耗,降低土壤通透性能,同时还会造成中后期土壤温度过高,作物早衰和农田生态环境污染严重,最终影响作物产量和品质。另外,我国目前关于可降解地膜的研究基本与世界同步,且技术水平与世界水平相接近,其主要开发的地膜类型有光降解地膜、光—生物降解地膜、生物降解地膜和麻地膜等。但是,可降解地膜的使用提高了农业生产成本,在实际生产中推广实施较为困难。因此,深入研究基于覆膜进程控制的作物覆膜栽培模式,是解决当前地膜覆盖问题的有效途径,并为可降解地膜的降解时间调整及应用提供了理论基础。

近年来,水肥资源利用率低下是制约我国农业生产和粮食安全的主要瓶颈之一,农业水肥资源高效利用已成为保障国家粮食安全和农业可持续发展的重大课题。2015 年中央一号文件提出加强农业生态治理。而水肥高效利用恰恰是农业生态治理的重要措施之一。因此,本书以覆膜玉米为研究对象,通过不同覆膜进程和灌水施肥技术科学组合,最大程度地实现节水高产,同步改善土壤环境,是区域玉米种植经济效益与生态效益协同提升的有效途径,对于实现区域水土资源高效利用具有重要的现实意义。

感谢西北农林科技大学李援农教授对本书编写工作所给予的大力

支持。此外,在本书编写过程中,参考了大量书目和文献,在此向相关作者一并致谢。

由于编者水平所限,书中难免有不妥之处,敬请读者批评指正。

作 者

2019 年 5 月

目 录

第 1 章 绪 论

1.1 研究背景

水是农业的命脉,也是整个国民经济和人类活动的命脉。我国是一个水资源相对紧缺的国家,多年平均水资源总量约 2.81×10^{12} m^3,但人均水资源占有量仅为世界平均水平的 1/4。根据水利部预测,到 2030 年我国人口将会达到 16 亿,在降水不减少且充分考虑节水的前提下,全国实际可利用水资源量将会逼近合理利用水量的上限,人均水资源占有量也将接近国际公认的严重缺水的红线。我国是一个农业发展大国,农业是我国的一个用水大户,大概占到全国用水总量的 3/4,水资源的短缺以及时空分布不均已成为制约我国农业发展的瓶颈。我国农业用水浪费现象很严重,灌溉水利用效率目前仅有 45% 左右,单方水粮食生产能力只有 1.0 kg 左右,而在一些发达国家,农田灌溉水利用效率已经达到 70% ~80%,单方水粮食生产能力已经达到 2 kg(孙景生等,2000),说明我国与发达国家相比还存在比较大的差距,但同时也说明在我国发展节水农业的潜力和前景还是很大、很广阔的。因此,在我国发展节水农业,减少农业用水总量,提高水分利用效率成为解决农业用水危机,缓解我国水资源供需矛盾的根本措施。

节水农业就是采用水利、农业、管理等措施,最大限度地减少农业生产过程中输水、配水与用水各个环节中的无效水分消耗,提高农业生产各个环节中的水分利用效率,以实现区域农业的可持续发展,保证区域水资源体系的良性循环。节水、高产、优质的高效节水型农业是通过治水、改土、改革农田耕作制度、调整生产结构等方式来实现的。它包括节水灌溉、灌水方式、种植模式、栽培方法,作物布局,开发与其相适应的新型节水材料、制剂和抗旱作物新品种以及建立新的节水灌溉体制(龚元石,1995)。节水农业生产技术对占我国耕地面积74%的干旱、干旱半干旱及半湿润易旱地区农业生产具有重要意义,特别是对水资源短缺、降水稀少的西北旱区的农业可持续发展具有重要的理论和现实意义。

1.2 研究目的和意义

近年来,从提高作物水分利用率和灌溉水利用率的实际出发,国内外学者进行了大量的研究,取得了很大的进展,并且提出了许多新的方法和概念,如限水灌溉、非充分灌溉、调亏灌溉与控制性分根交替灌溉等,这些方法对提高作物水分利用效率,转变粗放的灌溉方式起到了积极的作用,随着这些理论研究的不断深入,利用作物生理特性改进水分利用效率的研究将会成为热点,许多研究表明,作物各个生理过程对水分的反应各不同,水分亏缺对作物并不总是表现为负面效应,相反,植物在有限的水分亏缺下会表现出一定的补偿效应,在某些情况下不仅不降低产量,反而能增加产量,提高水分利用效率(康绍忠,2003)。作物产生的补偿效应是水分亏缺条件下作物能够保持较高产量甚至超过正常水平处理的主要原因之一(康绍忠等,2004)。因此,研究水分亏缺的补偿效应不仅对于提高作物水分利用效率,发展节水农业具有重要理论价值和现实意义,而且对实现社会、经济和生态的可持续发展都具有重要的理论意义和实践意义。

作物的生长离不开肥料,因此施用化肥是使农作物增产的有效措施之一,而高效、合理的施肥就显得尤为重要。氮素在作物体内的营养作用是多方面的,它既是蛋白质、核酸、磷脂、叶绿素、酶、生物碱、维生素类物质和植物激素等的重要组成部分,也是作物在生长发育过程中所必须的大量元素之一(孙曦,1997)。在所有的肥料中,施加氮肥量的多少直接关系着作物产量的增加量和品质的改善量,这是由于它限制了作物光合作用、干物质的累积量和产量。目前,中国乃至世界对粮食的需求量越来越大,为了满足这种需求,农民依靠传统的方法增加施氮量以期获得较高的产量,但是氮肥的不合理施用不仅造成了农作物减产、作物品质下降,氮肥的有效利用率显著降低,在经济效益降低的同时也带来了严重的环境问题(刘明强,2006)。因此,如何在保证粮食产量和品质的同时,节约用水,提高氮肥的利用效率已经引起了人们的广泛关注。

地膜覆盖是指将厚度为0.01~0.02 mm的聚乙烯塑料薄膜严密地覆盖在农田地面上的一种新的栽培技术,它是在20世纪50年代初随着塑料工业的兴起而发展起来的。一些发达的国家,如美国、日本、意大利、法国等从50年代开始试验和应用,具有节水、增温、保墒、改善近地面气层的光热条件、促进土壤微生物活动、改善土壤理化性质、提高CO_2浓度等作用,尤其是对那些干旱贫瘠的土地,与传统栽培技术相比,地膜覆盖有明显的增产效果。我国于20世纪70年代末引入该项技术,并开始了关于旱地作物地膜覆盖技术的研究(程俊珊,2006;胡兴波等,2003;李援农,2000;强秦等,2004;Quezada 等,1995)。近二三十年来,我国地膜覆盖面积和使用量一直位居世界第一,每年要用100万t以上,覆盖面积超过两亿亩(1亩=1/15 hm^2,全书同)。地膜的广泛应用极大地推动了农田覆盖栽培的发展和作物产量的提高,但其抗分解的特性使得残留于土壤中或进入周围环境中的地膜很难自然降解,造成所谓的“白色污染”。而且许多研究业已证明,长期进行地膜覆盖,显著降低了土壤的通气透水性,土壤的理化性状和生物学性状恶化,进而影响农作物根系的正常生长发育和水肥运移,最终造成作物产量的降低(毕继业等,2011)。

玉米是当今世界极其重要的粮食、饲料、工业和医药原料作物,其种植面积和总产仅次于小麦、水稻,居第3位(刘志先,1998),单位面积产量居第1位。在我国以及世界农业生产中占有举足轻重的作用。因此,本书以关中西部地区覆膜玉米为研究对象,采用盆栽试验和田间试验相结合的研究方法,通过不同水氮条件和覆膜进程相结合对玉米根区土壤温度、根系生长状况、根冠关系、营养生长与生殖生长的调控机制、作物群体产量、生理特性和水分利用效率等的影响,探讨在覆膜玉米栽培过程中适宜的水分条件、施氮量和覆膜进程的组合,旨在筛选出符合本地区覆膜玉米生产的揭膜模式,为进一步实现节水、节肥、高产、高效的旱地节水农业提供理论依据，对发展保护土壤环境和农业可持续发展具有重要意义。

1.3 国内外研究进展

1.3.1 水分亏缺对作物的影响

1.3.1.1 作物形态结构特性对水分亏缺的响应

植物的生长大多归因于细胞的延伸生长。细胞延伸生长是指分生组织因细胞分裂而连续产生的大量幼小细胞的不可逆的快速扩张，是一种对水分亏缺最为敏感的涉及生物化学和生物物理学的复杂过程(赵丽英等,2004)。在水分亏缺条件下，作物要发生一系列形态上的变化，如株高、叶面积、根系、叶片形态等。大量的研究表明，水分亏缺能够显著抑制作物的营养生长、株高、叶面积、干物质累积，抑制程度与亏缺程度有关。Michelena 和 Boyer(1982)指出，在干旱条件下玉米幼苗叶片的生长速率显著受抑，不同时期土壤干旱对玉米的株高伸长、叶片扩展和干物重的增长均有抑制作用。Subramian(1992)以豇豆为试材的研究表明，水分亏缺能显著降低叶片的扩张速率。王密侠等(2000)通过对桶栽玉米的研究表明，玉米苗期水分胁迫可抑制株高生长、叶片扩展。对玉米根系的伸长及其干物质积累也有一定的影响，苗期胁迫对株高的抑制幅度最高达 36%，对叶面积的抑制幅度达 59.7%，对干物质的累积可达 51%。郝树荣等(2005)对不同生育期、不同程度、不同历时的水分胁迫及胁迫后复水条件下水稻叶面积变化规律和机制进行了研究，结果表明，水分胁迫对水稻叶面积的扩展生长存在抑制效应，抑制程度与胁迫程度、胁迫历时正相关。当发生水分亏缺时，白天分生组织的细胞膨压会降到细胞增大所需要的阈值以下，导致生长减慢或停止(Garder 等,1985)。

作物对各土层水分的利用状况取决于土层中根系分布量、根系吸水速率及有效含水量。根系在作物吸水过程中起着非常重要的作用，它决定着作物吸水区域、吸收各土层水分开始及持续时间，并控制着吸水速率在土壤剖面中的相对强度,尤其在土壤干旱条件下,根系作用更大。根系吸水量能否满足作物蒸腾需水量,直接关系到水分是否会限制作物生长以及制约的程度,并影响地上部分的生长发育和产量形成(杨建设和许育彬,1997)。郭相平等(2001)的研究表明,玉米苗期水分胁迫能够抑制根系的生长发育,玉米的根系总长,每株根条数和干物质累积量均减少。梁银丽(1995)研究表明,小麦根系对水分的反应极为敏感:土壤相对含水量为 40% 时,小麦根系生长严重受阻,根系干物质明显降低。冯广龙等(1997)指出根系生长分布对土、水环境十分敏感,土体水量分布状况与根系空间分布极为一致。根系分布量随含水量减少相应降低,呈水大根大特征。马瑞昆等(1991)研究表明,在正常供水条件下,小麦生长前期和中期,根、冠的生长同步,但在挑旗开花阶段,随着地上部生物量的急剧增长,营养生长和生殖生长长时间的激烈竞争,从而抑制了根系发育。郭安红等(1999)研究指出,中等干旱处理(田间持水量的 50% ~60%)的根系在下层分布明显增多。充分供水的对照处理(供水量保持在田间持水量的 80% ~90%)的根生物量主要集中在上层,根系总生物量较高。杨恩琼等(2009)以高油玉米 115 为材料,研究了干旱胁迫对根系的生长发育状况,结果表明水分胁迫抑制了根系的生长,其中对根长的影响比对生物量的影响更显著。陈晓远等(2004)在水分胁迫条件下对冬小麦根、冠生长关系的研究证明了水分条件能够显著影响作物根、冠的生长速率及干物质在根、冠间的分配比例。虽然水分胁迫对作物根系的生长和发育有抑制作用,但抑制并不总是有害的,作物可以通过自身的反应来适应这种变化,根冠比增加是作物从形态学方面对水分亏缺的响应之一。很多研究认为前期(尤其是苗期)进行水分胁迫可使作物得到干旱锻炼,增大根冠比和根活力,促进后期籽粒形成和降低根系衰老速度。Ribaut 等(1996)认为根的数量和重量与产量有关,而根的深度与产量无关,增大根冠比,可以增强玉米抵御水分胁迫的能力。因此,根系并不是越大越好,作物根系在时间和空间上的合理分布对生长具有更重要的意义(魏虹等,2000)。

当土壤出现一定程度干旱时,作物根系迅速感知干旱,以化学信号

(也称为非水力根信号)的形式将干旱的信息传递到地上部分,在叶片水分状况尚未发生改变时即主动降低气孔开度,降低叶片生长速率,抑制蒸腾作用,平衡作物的水分利用,这就是所谓的根冠通讯学说(1991)。此外,作物根系在干旱环境下会将深层湿润土壤中的水分提升至浅层干燥土壤中释放,以维持处于干旱土壤中根系的活力,这就是作物根系的提水作用(2003),不同作物具有不同的根系提水强度。关于作物根系提水作用的现象研究很多,而对其发生的机制研究见于报道的很少。

1.3.1.2 水分亏缺对作物光合特性及水分利用效率的影响

植物光合作用将无机物质转化为有机物,同时固定太阳光能,是地球上最重要的化学反应,也是绿色植物对各种内外因子最敏感的生理过程之一(云建英等,2006)。许多学者曾广泛评论过水分胁迫对玉米光合作用的影响,认为光合作用对水分胁迫十分敏感,玉米在遭受到干旱逆境后光合速率明显下降。水分胁迫通过抑制叶片伸展,影响或降低叶绿体光化学及生化活性,使光合过程受损。干旱条件下光合性能的降低是限制植株生长的主要生理因素之一(魏孝荣等,2005)。水分亏缺使玉米叶面积减小,气孔开度减小,阻力增加,因而其光合速率降低。Hall(1990)通过对玉米净光合速率受到抑制的水势研究认为,对玉米植株,当水势低于不同的值时,玉米的净光合速率受到不同程度的抑制。张维强等(1994)通过研究发现,光合速率下降幅度与水分胁迫强度正相关,同时玉米品种也影响到光合速率的下降程度,耐旱性强的品种光合速率下降幅度小。张寄阳等(2006)试验表明水分胁迫对棉花的生长和生理指标均有明显的抑制作用,表现为植株矮化,光合速率、蒸腾速率和气孔导度均有显著降低,并且胁迫越重,抑制作用越明显。张英普等(1999)的研究表明,作物水分胁迫使玉米叶面积减小,减少光合作用面积;气孔导度下降,CO_2进入叶内受阻,因而作物的光合速度降低,同时叶肉细胞透性下降,增加了 CO_2 进入叶肉细胞的阻力。

一般认为水分胁迫引起净光合速率下降的主要原因有两方面:一是气孔因素,当水分不足时,光合机构中首先受到影响的是气孔,气孔部分关闭和气孔导度的降低,一方面使通过气孔蒸腾损失的水分减少,另一方面使通过气孔进入叶片的 CO_2 减少,导致光合速率的降低。由于蒸腾降低的相对幅度比光合的大,轻度水分胁迫下气孔的部分关闭往往可以提高水分利用效率(段爱旺和肖俊夫,1999)。干旱引起气孔关闭主要有被动关闭和主动关闭两种形式。被动关闭是因为干旱情况下保卫细胞水分丢失太快,来不及从邻近表皮细胞取得水分补充,造成气孔迅速关闭;而主动关闭在干旱胁迫下,保卫细胞内部进行了一系列的代谢变化,如保卫细胞内溶质含量减少,膨压降低。二是非气孔因素,非气孔因素是水分胁迫对作物光合细胞器产生影响,如叶绿素含量降低、叶绿体受到破坏、光系统 PSⅡ活力降低、光合同化酶活性下降、光合磷酸化和电子传递受到抑制等。张文丽等(2006)认为判断叶片光合速率降低的主要原因是气孔因素还是非气孔因素的依据为胞间 CO_2 浓度和气孔限制值,且胞间 CO_2 浓度更为重要,一般只根据胞间 CO_2 浓度变化方向便可做出正确判断。在高光强度(如夏季晴天的中午)、水分胁迫引起作物气孔部分关闭时,作物会因光暗呼吸加强(光合作用出现光抑制)而出现"午睡"现象,"午睡"现象对于水分胁迫条件下作物的生存是有利的,但却使阳光能量最多的时候利用率降低,不利于作物的产量形成。

水分利用效率(*WUE*),指作物消耗单位水量生产出的同化量,它反映出作物生长中的能量转化效率,同时也是评价缺水条件下作物生长适宜程度的一个指标(邹承鲁,2000),高水平的 *WUE* 是缺水条件下农业得以持续稳定发展的关键所在。一般有叶片水平和群体水平之分,叶片水平上的 *WUE* 以净光合速率(P_n)与蒸腾速率(T_r)之比(P_n/T_r)来表示,群体水平上的 *WUE* 以生长季内作物收获部分或全部干物质产量(Y)与耗水量(ET)的比值来表示。*WUE* 的影响因素很多,如光照、大气温、湿度、空气中 CO_2 浓度、土壤水分等,其中光照和水分是影响 *WUE* 的最主要因素。山仑(1998)研究发现,在土壤含水量为田间持水量的 40% ~70% 范围内,随着土壤干旱程度的增加,小麦 *WUE* 显著降低。梁宗锁等(1995)的研究表明,当供水量从适宜供水下降到中度亏缺供水时,在各生育期蒸腾速率、光合速率及 *WUE* 随供水量的下降而下降,单叶瞬时 *WUE* 在上午 9～11 点时最高。胡笑涛等(1998)的研究表明,一定土壤水势范围内的水分胁迫能刺激根系生长,减少作物蒸腾,提高作物水分利用效率。总体来说,适度的干旱对于提高 *WUE* 是有意义的。

1.3.1.3　水分亏缺对作物膜质过氧化作用的影响

植物在干旱胁迫下的质膜损伤和膜透性的增加是干旱伤害的本质之一。膜脂过氧化是干旱对植物细胞膜造成伤害的原初机制,而膜磷脂脱酯化反应则是继后发生,受其启动进一步加剧了膜的伤害并导致了膜的解体,即干旱导致叶细胞膜脂过氧化增强,产生了过氧化产物丙二醛(MDA)等(孙彩霞等,2002),MDA 对细胞质膜和细胞中的许多生物功能分子均有很强的破坏作用。它能与膜上的蛋白质氨基酸残基或核酸反应生成 Shiff 碱,降低膜的稳定性,加大膜透性,促进膜的渗漏,使细胞器膜的结构、功能紊乱,严重时导致细胞死亡(刘国琴和樊卫国,2000)。因此,MDA 含量的多少在一定程度上可以反映细胞的受损情况。许多研究均表明(房江育和张仁陟,2001;郝玉兰等,2003),水分胁迫使作物体内的 MDA 显著增加,且增加程度与水分胁迫程度一致。

1.3.2　施氮量对作物的影响

1.3.2.1　施氮量对作物光合特性的影响

光合作用是作物产量形成的主要机制,光合速率在一定程度上反映了光合作用的水平。氮素营养水平对光合速率影响较大,氮是提高叶片净光合速率(PN)及延长叶片功能期的重要矿质元素(Evans,1983)。植物氮素营养状况的好坏,直接影响叶片 PN 和生长发育,并最终影响产量和光能利用率。供氮不足或过量均会引起叶片光合能力下降(何萍等,1998)。在一定范围内,叶片 PN 与含氮量呈直线相关关系,植株含氮量达到一定程度后,叶片 PN 不再继续提高,且有下降趋势(山仑,1998)。田纪春等(2001)研究指出,氮素后移处理光合速率达到最大值的时间一般向后推迟 1～5 d,光合速率高效持续期则一般延长 1～2 d。氮胁迫会使作物光合作用降低,因为氮胁迫会降低叶面积的发育和叶片的光合作用，当氮缺乏时，植物就会从老的组织中转运氮到嫩的组织中，从而加速叶的衰老（Banziger 等，2000）。谢华等（2003）认为春玉米叶片叶绿素含量与叶片 PN 呈显著正相关关系。氮素能促进叶片面积增大和叶数增多，从而增加光合面积，间接提高光合作用的效率；氮素能促进叶绿素含量增加，加速光反应；氮素增加，能提高光合作用过程中酶的含量，加速暗反应。而吕丽华（2008）认为施氮量和叶片 PN 之间并不呈正比，即当施氮量增加到 270 kg/hm^2 后，由于冠层内透光率较低，光分布较不合理，叶片 PN 升高不明显或反而降低，不利于生育后期光合产物的积累。杨小虎（2011）研究认为，不同追氮量对于烤烟叶片叶绿素含量和净光合速率具有显著影响，叶绿素含量和净光合速率随着追氮量增加呈现出先升后降的变化趋势。

1.3.2.2 施氮量对作物叶片衰老特性的影响

高等植物的叶片是植物进行光合作用的重要器官，叶片的发育直接影响植物的生长和产量。植物叶片衰老是一种程序性的细胞死亡（programmed cell death，PCD），是植物生长发育周期中一个重要的生理现象（王亚琴等，2002），是叶片发育的最终阶段，不仅受到内部基因的表达调控，同时受到植物生长的外部环境的影响，是植物长期进化过程中形成的适应性发展。在这段时期内，植物在成熟叶片中积累的物质将被分解并运送至植物其他生长旺盛的部位。对于产生种子的作物，包括绝大多数农作物，其产品器官的形成关键时期，衰老引起的叶片同化功能的减退极大程度地限制了作物产量潜力的发挥（梁秋霞等，2006）。

在农业生产中，由于叶片早衰造成许多作物减产（石明岩等，2002；王旭军等，2005）。叶片功能的衰退，使早衰小麦籽粒灌浆速率低，灌浆持续期短，粒重下降，最终减产 20% 以上（李宏伟等，2006）。通常认为高温将促进叶片衰老，特别是生育后期高温将会明显加速叶片衰老进程，高温主要是降低叶绿素含量和 PN，可使灌浆后期的净光合速率降幅达 50%（张黎萍等，2008）。Valentinuz 和 Tollenaar（2004）在对新老玉米品种进行叶片衰老特性比较时发现，灌浆的后半阶段叶片的衰老速率与产量呈负相关（$P<0.05$）。抽穗后叶片的早衰对产量

形成具有明显的不利影响,防止叶片早衰已经成为小麦、玉米增产的重要手段。因此,研究作物叶片衰老特性,探究衰老的生理机制,推迟衰老起始或延缓衰老进程,尤其是防止早衰发生,对提高作物产量具有重要意义。土壤肥力对玉米叶片的衰老速度具有较大的影响,其中土壤氮肥高低是最主要的影响因素,氮肥可以提高穗位叶叶片的净光合速率,延迟叶绿素和可溶性蛋白质的分解(段巍巍等,2007)。

国内外已有许多关于植物衰老的文献综述及专论发表,提出衰老原因的植物激素、死亡因子说、生物自由基伤害、光周期、差误理论及衰老基因等假说(Woolhouse,1984)。在众多有关植物衰老的学说中,生物自由基伤害学说引起了人们的广泛重视,该理论最早由 Harman(1956)提出,认为衰老过程是细胞和组织中不断进行着的自由基损伤反应的总和。

许多研究指出,叶片衰老与活性氧代谢呈正相关关系。植物体在正常代谢过程中可通过多种途径产生超氧物阴离子自由基(O_2^-),过氧化氢(H_2O_2)、羟基自由基(—OH)、还原脂质氢过氧化物(ROOH)和单线态氧($^1O_2$)等自由基,统称为活性氧,将导致细胞伤害、酶失活、DNA 复制破坏,从而使细胞内部造成损伤,蛋白质合成受阻,启动膜脂过氧化连锁反应,并使维持细胞区域化的膜系统受损或瓦解,加速植物的叶片衰老(阎成士等,1999)。同时,植物在长期的系统进化过程中,细胞内形成了防御活性氧、自由基毒害的保护机制,其中起主要作用的是活性氧清除酶系统,超氧化物歧化酶(SOD)、过氧化氢酶(CAT)和过氧化物酶(POD)等是活性氧清除酶系统的重要保护酶。SOD 的作用是将超氧阴离子自由基(O_2^-)歧化成 H_2O_2和 O_2,而 CAT 和 POD 则进一步将 H_2O_2转化成 H_2O,从而减少活性氧的伤害。它们协同作用,能有效地阻止高浓度氧的积累,防止膜脂的过氧化作用,延缓植物的衰老,使植物维持正常的生长和发育(杨淑慎等,2001)。

战秀梅等(2007)研究认为缺氮或氮素营养过高时,均不利于 SOD 酶、CAT 酶的合成,氧自由基的清除能力减弱,衰老进程加速;适量的氮素(240 kg/hm^2)能提高保护酶的活性,可明显提高 SOD、CAT 活性,降低 POD 活性和丙二醛(MDA)含量。增强叶肉细胞对活性氧自由基的清除能力,有效地控制了膜脂过氧化水平,最大限度地维持了细胞的稳定性,延缓了衰老进程。Mohammadi 和 Karr(2001)认为,氮素水平的提高显著降低了 MDA 含量,减少细胞质膜的过氧化损伤。林琪(2003)研究表明,氮素减缓了小麦旗叶的衰老,增强了叶片 RuBP 酶的活性,提高了保护酶系的活性和降低了 H_2O_2等过氧化物的含量。小麦叶片的 MDA 及过氧化物的含量增加而保护酶系活性下降是造成产量下降的主要成因;适量氮素提高了干旱条件下小麦的产量(上官周平和李世清,2004),所以氮素可能通过降低了小麦叶片 MDA 含量而增强其抗旱性。张绪成和上官周平(2007)研究表明,施氮提高了叶片 CAT 和 SOD 活性,降低了黄嘌呤氧化酶活性和 MDA 含量,以施氮 180 kg/hm^2 处理效果最明显,而且产量最高,表明施氮 180 kg/hm^2 处理对小麦膜脂抗过氧化能力和产量形成最为适宜;适量氮素能够提高叶片保护酶系活性和降低 MDA 含量,所以氮素能够通过提高叶片膜质抗过氧化能力来增强小麦对干旱的适应。由于降低了超氧阴离子的生成量,CAT 活性提高,H_2O_2和 MDA 含量维持在较低水平,最终提高小麦产量。

1.3.2.3 施氮量对生物量及籽粒产量的影响

氮肥的运筹是调控小麦、玉米生长发育,提高产量的重要手段。已有研究表明,在一定范围内,籽粒产量随施氮量的增加而提高,超过一定限度后,再增施氮肥,小麦以及玉米的产量不再增加(王进军等,2008)。赵俊晔和于振文等(2006)研究表明,施氮 105 ~ 195 kg/hm^2 显著提高小麦籽粒产量,施氮 105 ~ 240 kg/hm^2 显著提高籽粒蛋白质含量;继续增施氮肥至 285 kg/hm^2,小麦籽粒蛋白质含量、粒重和籽粒产量均降低。崔振岭等(2007)在华北平原冬小麦/夏玉米轮作体系中研究认为施氮对冬小麦籽粒产量无显著影响。研究表明,在小麦生长发育期间,适时适量追施氮肥对增加小麦穗粒数有显著作用。前人的研究结果表明,在施氮量为 0 ~ 225 kg/hm^2 范围内,小麦穗粒数与氮肥施用量呈显著正相关关系。随施氮量的增加,穗粒数增加。穗粒数不仅受施氮量影响,也受施用时期的制约。拔节期追施氮肥,每穗结实粒数比苗期追施氮肥增加 10%,产量提高 13.8%。小麦小穗、小花的分化数目明显受到氮代谢的促进,小花发育则主要受到碳代谢的调节。一般来说,高氮促进营养生长和小花分化,低氮有利于提高结实率,二者协调统一才能增加每穗粒数。小花分化数量与拔节期间氮素水平高低呈显著正相关关系,此时适量追施氮肥,能促进小花发育,减少退化,提高结实粒数和粒重。氮素供应也显著影响小麦粒重。合理施用氮肥可延缓小麦后期叶片衰老过程,提高千粒重。不同施氮量与千粒重的关系为二次曲线,当氮素亏缺或氮素过多时,千粒重降低。过量施氮造成千粒重减少的原因在于氮代谢过旺,严重影响了碳代谢,减少了糖的积累。

通常在一定施氮范围内玉米的产量随着施氮量增加有规律地提高(戴忠民,2008)。氮素往往是通过改变玉米的某些生理特性来影响产量的。氮肥影响玉米产量的生理基础在于不同的氮肥用量和施肥时期影响了植株碳氮代谢水平,而碳氮代谢水平会进一步影响植株生育进程和物质生产力,进而影响产量形成。

何萍等(1998)研究表明供氮不足或过量加剧了生育后期玉米叶面积指数(*LAI*)的下降进程;氮肥用量直接影响到光合产物向籽粒的运输。马兴林(2008)认为随着施氮量增加,出苗至吐丝期、吐丝至成熟期的干物质积累均呈逐渐增加的趋势,但后者的增加幅度远高于前者;从两生育阶段干物质积累量占最终生物学产量的比例看,随着施氮量增加,出苗至吐丝期干物质积累量占最终生物学产量的比例明显降低,而吐丝至生理成熟期则明显提高。推荐施氮条件下,叶片及苞叶的干物质转运量以及收获指数均显著高于不施氮和经验施氮,而总的干物质运转量占籽粒干质量的22.1%,比经验施氮高出6.1%,表明合理的施氮可以促进后期的干物质向籽粒的转运,从而达到源库的平衡(戴明宏等,2008)。施氮量偏低,则库容量受限,穗粒数减少;过量施氮,则影响到库强度,千粒重下降。过量施氮引起玉米下部叶片提早脱落,从而 *LAI* 下降加剧。过量施氮除引起叶面积减少外,还导致后期营养体生长过旺,直接影响到碳水化合物向籽粒的运输。供氮不足可能导致营养体氮素外运过多而引起叶片提早衰老;而过量供氮则由于营养体氮素代谢过旺,导致运往籽粒的氮素减少。Borras 和 Otegui

(2001)认为在玉米的整个灌浆期,穗粒之间都存在吸收物质的竞争,绿叶面积的下降和随之产生的同化力下降对穗粒数和粒重都有不良影响。赵艳花等(2008)表明主攻喇叭肥的施肥方式有利于在玉米生育中后期保持较大的绿叶面积和较高的干物质积累量,利于穗粒数的形成和灌浆充实,形成高产。王双等(2008)研究表明,施氮水平对不同干旱程度夏玉米生长有不同影响,应根据干旱程度选择合理的施氮量,才能减小干旱带来的损失。轻度干旱条件下,随着施氮量的增加,夏玉米的株高、叶长、叶宽、茎粗等形态指标、生物量和产量都增加;中度干旱时,适量施用氮肥处理夏玉米的形态指标、生物量及产量均高于不施氮肥和大量施用氮肥处理;严重干旱时,随着施氮量的增加,夏玉米的形态指标、生物量和产量都呈逐渐下降的趋势。氮肥对黔兴201的植株高度、穗位高、果穗秃尖长、果穗长、穗行数不产生显著影响,对行粒数、千粒重和果穗粗产生显著或极显著影响,并随着施氮量的增加,行粒数、千粒重和果穗粗增加(程国平等,2008)。施用氮肥能够增加玉米干物质量,但干物质积累量也不会随施氮量增加而无限量增加,一些研究表明,玉米干物质积累量与施氮量间呈二次抛物线回归关系。杨国航(2008)表示施氮量增多,玉米京单28产量也随之提高,施氮225 kg/hm^2 时产量达到高峰,施氮超过225 kg/hm^2 时产量有所下降,施氮225 kg/hm^2 和337.5 kg/hm^2 的产量基本一致,有时甚至产量曲线有一些交叉,说明施氮肥337.5 kg/hm^2 的作用并不比施氮肥225 kg/hm^2 的作用明显。可见在大面积生产上,并不是尿素施得越多产量就越高,关键是选择科学的施肥方式,提高氮肥利用率,达到经济使用氮肥并夺取高产的目的。杨德光(2008)研究表明,与氮胁迫比较,正常供氮能显著提高玉米产量,原因是施氮条件下,产量构成因子穗粒数和百粒重增加。

1.3.3　揭膜对作物生产的影响

地膜覆盖栽培技术自20世纪70年代引入我国后,因其具有显著的增产作用而大面积推广。但是近年来的生产实践表明,由于地膜覆盖导热性差和不透气,长时间覆盖地膜会使土壤温度过高,通气不良,根系呼吸受阻,造成覆膜作物生长发育中后期出现不同程度的早衰现象,直接影响了作物产量和品质的进一步提高(蒋文昊,2011)。牛俊义等(2005)认为,地膜覆盖栽培使春小麦提前进入正常衰老阶段,导致早衰。地膜覆盖的增温保墒作用利于作物前期生长和水分利用,在生育后期覆膜,作物根系发育受到抑制,作物蒸散量和水分利用效率下降,影响产量的形成(王俊等,2003)。李世清等(2001)研究发现,地膜覆盖在作物生长发育后期的增温效应,不仅对作物养分吸收、生长发育和产量形成没有多大实际意义,还会加速作物根系早衰,缩短根系和叶片等营养器官吸收同化光合产物的时间。薛少平等(2002)认为,在短期内采用地膜覆盖技术虽有较好的保墒能力和显著的增产效果,但一旦长期采用会降低土壤吸收水分能力,造成有机质大量分解和养分消耗,使土壤水肥含量下降,作物产量也有逐年下降的趋势,且随着覆膜年份的增加,地膜残膜污染非常严重。

对不同作物在不同时期进行揭膜,其效果也不尽相同,对覆膜作物在适当的生育时期进行揭膜,能有效降低地表温度,增加根系的透气性和活性,改善光合产物分配,延缓作物早衰,提高作物产量和水氮利用效率,而在不合适的时间揭膜不但促进作用不明显,还有可能产生负效应(Al Assir I A 等,1991)。赵鸿(2012)通过对旱地马铃薯不同覆膜栽培模式以及覆膜时期对马铃薯产量和水分利用效率的影响,分析了不同试验条件下马铃薯物候期、株高、叶面积指数、干物质积累、根冠比、土壤温湿度等的变化规律,发现覆膜 65 d 处理显著提高了作物产量、水分利用效率、经济效益以及产投比,并且能够在土壤深层留下较高的底墒,增加早期土壤温度,降低后期土壤温度,改变水热组合。贺润喜等(1999)通过研究不同生育期揭膜对旱地地膜覆盖春玉米生理性状和产量的影响,发现大喇叭口期揭膜使得供试玉米在不同生育期的生理指标均有变化,延缓了早衰现象,提高了产量。郭大勇等(2003)研究了地膜覆盖、底墒和施氮对春小麦生育进程和干物质积累的影响,结果表明在春小麦生长中期,适时揭膜能够显著增加有效分蘖数,提高后期结实穗数,延长成熟期,提高作物产量。吕丽红等(2003)研究了地膜覆盖、底墒和施氮对春小麦根系生长的影响,结果表明适时揭膜能改善光合产物分配,促进根系生长,维持生长后期活性。饶宝强等(2008)采用灰色关联法分析研究了揭膜对烤烟产量和品质的影响,结果表明50 d揭膜处理的烟叶产量最高,烟叶内在化学成分及评吸质量最优。侯晓燕等(2008)对西北旱区民勤绿洲大田滴灌马铃薯进行了揭膜效应研究,结果表明播种后60 d第一次揭膜的处理在产量和水分利用效率方面明显高于其他处理。Zeng等(2009)通过研究种植密度、揭膜时间和施氮量对免耕油菜生育动态的影响,发现当种植密度为154 925棵/hm^2,揭膜时间为移栽后110 d,施氮量为315 kg/hm^2时,对供试油菜生育动态的影响最为显著。宿俊吉等(2011)研究了揭膜对陆地棉根际温度、各器官干物质积累和产量、品质的影响,结果表明与全生育期覆膜相比,揭膜处理在生长前期发育较慢,而后期发育较快,对延缓陆地棉早衰和提高陆地棉产量影响显著。扶胜兰等(2011)研究了不同揭膜方式对丹参产量与品质的影响,结果表明在返青后期及时揭膜,可显著提高丹参的产量和品质。蒋文昊(2011)通过对烟叶生理生长指标、产量及水分利用效率的分析认为,在陕南烟区移栽后40~50 d进行揭膜培土,对烟株生理代谢、生长发育及高品质烟叶的形成效果显著。

1.3.4 节水灌溉技术综合效益评价研究进展

对于节水灌溉技术综合效益的评价研究,最初大都用相关指标构建经验性评估体系,之后随着研究的进一步深入,研究者广泛采用多种先进的数学模型与方法进行综合效益评价。罗金耀与李道西(2003)提出了一个考虑多方面决策人员参加的多目标节水灌溉决策问题,运用灰色关联分析理论,建立了多层次灰色关联综合评判模型,提高了优选方案的准确性。吴泽宁等(2002)以引黄灌区为研究对象,基于作物的节水灌溉制度,考虑了引黄水量在不同作物间和同种作物不同灌溉时段间的优化配置,提出了灌溉效益优化计算的双层线性规划模型,使灌溉效益计算更趋合理。

Williams等(1988)设计了可用于评估不同的节水灌溉系统灌溉成本和效益的微观数学模型,为提高灌溉系统的操作者评估节水灌溉系统成本效益的能力提供了依据。李寿声等(1986)应用非线性规划理论,探讨了灌区多种水源联合运用条件下灌溉经济效益问题。刘维峰(1996)以节水和高产为目标,在定性分析的基础上应用层次分析法对采用不同节水灌溉方式时的灌溉面积、节水量、投资额和净现值等指标的方案选择问题进行了研究,优选出了在一定投资或规划面积下的最佳灌水方案。侯维东等(2000)在井灌项目综合评价研究中结合灰色关联理论,采用改进的多层次综合评价法将项目的综合效益评价体系划分为 5 个层次,建立了井灌项目综合评价指标体系。

1.4 存在问题

近年来,国内外学者对水分、施氮量以及水氮耦合对不同地区作物的生长发育、产量、水氮利用效率等做了大量的研究,关于对不同覆膜作物进行适时揭膜方面的研究也取得了一些进展。但是在以下一些方面的研究还不够系统深入:

(1)水分和覆膜进程双因素相结合是如何影响作物根系、生理生化指标、植株形态指标、产量和水分利用效率的,尚需进一步研究。

(2)关于施氮量和覆膜进程双因素相结合对作物生理生化指标、植株形态指标、产量、水分和氮肥利用效率的影响的研究还比较少。

(3)不同水氮条件下作物揭膜模式综合效益的探求及评价方面的研究还较少。

(4)作物揭膜以后,对土壤微生态环境、土壤微生物活动和土壤酶活性、土壤碳氮的储存与释放等的影响尚待进一步试验研究。

1.5 研究内容和技术路线

1.5.1 主要研究内容

1.5.1.1 不同水分和覆膜进程对玉米根系的促根效果评价

根系是植物吸收养分、合成营养物质的重要器官,也是吸收水分完成蒸腾作用的主要器官。对不同水分条件和覆膜进程的组合下玉米根系的生长状况进行评价分析，寻求基于根系—产量—水分响应关系的覆膜玉米节水增产的水分条件和地膜覆盖模式，为完善玉米覆膜栽培技术及节水增产提供理论基础。

1.5.1.2　不同水氮条件下覆膜进程对玉米生理生长、产量和水氮利用效率的影响

研究不同的水氮条件下覆膜进程对作物生育后期光合特性、叶片脯氨酸含量、根系活力以及叶片丙二醛含量的响应。探讨水氮条件、覆膜进程对作物生理过程的交互作用，为确定覆膜玉米最佳的节水减氮覆盖模式提供理论依据。分析不同水氮条件下覆膜进程对株高、茎粗、叶面积、根冠比、干物质累积、产量、水分利用效率、氮肥农学效率和偏生产力的影响。探明不同水氮条件、覆膜方式对作物生长发育特征以及水分、养分吸收的影响，发掘作物自身对环境的适应潜力，从而达到节水、减氮、增产的目的。

1.5.1.3　不同覆膜进程对玉米根区土壤温度的影响

研究不同覆膜进程下覆膜玉米不同深度土层地温的阶段变化和日变化规律。探求不同时期揭膜处理对覆膜玉米根区土壤温度的影响，营造适宜植株根系生长的土壤环境。

1.5.1.4　构建玉米揭膜方案综合效益评价模型

借助先进的数学原理建立合理的揭膜玉米综合评价模型，使其能够包含不同水肥条件和覆膜进程对玉米植株生长、生理、产量、水分利用情况和经济效益的所有影响信息，以便对揭膜方案的综合效益进行科学评价，优选最佳揭膜方案，对指导覆膜玉米生产具有重要意义。

1.5.2　研究技术路线

本书在充分吸收借鉴国内外相关专家学者研究成果的基础上，采用试验（盆栽试验与小区试验）与理论分析（作物健康生长模型）相结合的方法，探求不同水分供应和覆膜进程、不同施氮量和覆膜进程交互作用（组合处理）下的最优灌水覆膜模式和施氮覆膜模式。具体思路和技术路线如图 1-1 所示。

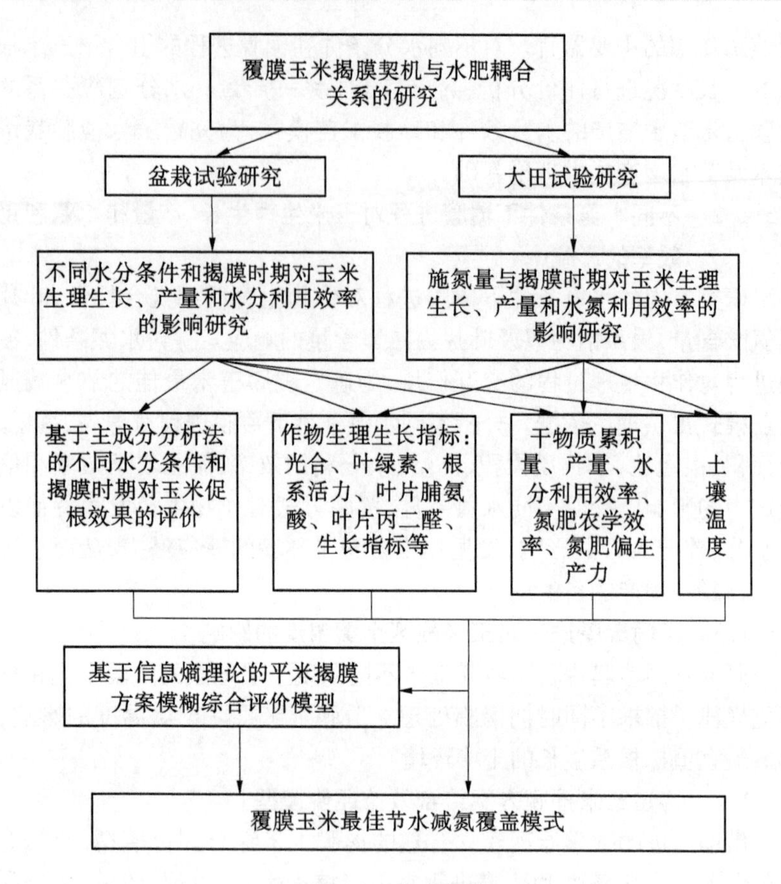
覆膜玉米揭膜契机与水肥耦合关系的研究
盆栽试验研究
大田试验研究
不同水分条件和揭膜时期对玉米生理生长、产量和水分利用效率的影响研究
施氮量与揭膜时期对玉米生理生长、产量和水氮利用效率的影响研究
基于主成分分析法的不同水分条件和揭膜时期对玉米促根效果的评价
作物生理生长指标：光合、叶绿素、根系活力、叶片脯氨酸、叶片丙二醛、生长指标等
干物质累积量、产量、水分利用效率、氮肥农学效率、氮肥偏生产力
土壤温度
基于信息熵理论的平米揭膜方案模糊综合评价模型
覆膜玉米最佳节水减氮覆盖模式

图 1-1　技术路线

第 2 章　不同水分条件与覆膜进程对覆膜夏玉米根系生长的影响

地膜覆盖是 20 世纪 40 年代末期出现于日本的一种新的栽培技术,具有节水、增温、保墒、改善近地面气层的光热条件、促进土壤微生物活动、改善土壤理化性质、提高 CO_2浓度等作用。我国于 20 世纪 70 年代末引入该项技术,并用于包括玉米在内的多种作物,与传统栽培技术相比,地膜覆盖有明显的节水增产功效(李世清等,2001;李援农等,2002;Niu J Y 等, 1998;张厚华,2001)。但是近年来的研究表明,长时间覆盖地膜会阻碍土壤与外界的气体交换,使作物根系呼吸受阻,从而造成作物根系大量死亡和根系活性下降(李凤民等,2001;Li F M 等,2004),而根系是植物吸收养分、合成营养物质的重要器官,也是吸收水分完成蒸腾作用的主要器官(陈新明等,2010;平文超等,2012;武阳等,2012),所以长期覆膜不利于根系生长与作物产量和品质的进一步提高。而适时揭膜则能增加根系的透气性和活性,促进作物根系生长,改善光合产物分配,延缓作物早衰,提高作物产量和水分利用效率。因此,近些年来,对于不同覆膜作物进行适时揭膜的研究也越来越引起关注(贺润喜等,1999;吕丽红等,2003;肖光顺等,2009)。然而,关于不同水分条件与不同覆膜进程对作物根系生长状况的共同影响却少有研究。

根系生长状况是一个综合概念,由根重、根径、根长、根表面积和根体积等多个指标共同体现,各指标之间又是相互关联的,这就使得对不同技术措施的促根效果的评价非常困难。主成分分析是研究把多个指标化为少数几个综合指标的一种统计分析方法,是将原变量进行加权组合,消除变量间的重复信息后组合成一个新的变量,利用新变量的值进行顺序排名。目前,在众多领域的综合评价中已被广泛应用(胡小平和王长发,2001;唐启义和冯明光,2006;岳田利等,2007)。本书以盆栽夏玉米为研究对象,应用主成分分析法对不同水分条件和覆膜进程的组合覆膜夏玉米根系的生长状况进行评价分析,寻求基于根系—产量—水分响应关系的覆膜夏玉米节水增产的水分条件和地膜覆盖模式,为完善玉米覆膜栽培技术及节水增产提供理论基础。

2.1　材料与方法

2.1.1　试验地点和材料

试验于2011年7~10月在西北农林科技大学旱区农业水土工程教育部重点实验室遮雨棚中进行。供试土壤为西北农林科技大学节水灌溉试验站的大田0~20 cm耕层土壤。土壤基本理化性质为:pH值为8.13,有机质含量为11.18 g/kg,全氮为0.84 g/kg,全磷为0.53 g/kg,全钾为14.1 g/kg,碱解氮为56.01 mg/kg,速效磷为8.22 mg/kg,速效钾为101.97 mg/kg,田间持水量为24%(质量含水量)。试验用塑料盆上部直径32 cm、底部直径26 cm、高32 cm,盆底均匀打有7个小孔,并铺有纱网和细砂以保证良好的通气条件。土壤经自然风干、磨碎、过筛后,与基肥混匀并按体积质量1.30 g/cm^3装盆,每盆装干土18.3 kg。基肥用量为每千克干土折合纯N 0.2 g、P_2O_5 0.15 g,氮肥用尿素,磷肥用KH_2PO_4,氮肥和磷肥均用分析纯试剂。供试玉米品种为"漯单9号"。

2.1.2　试验设计

试验采用两因素,即水分和覆膜进程。水分设高水(W_H)和低水(W_L)2个水平,以控制土壤含水量占田间持水量(θ_F)的百分数表示,高水W_H:(65%~80%)θ_F,低水W_L:(50%~65%)θ_F。覆膜进程分别设拔节-抽雄期揭膜(uncovering plastic film at jointing-tasseling stage,简称UJ)和抽雄期揭膜(uncovering plastic film at tasseling stage,简称UT)2个处理,另外设置全生育期覆膜(mulching plastic film,简称MF)处理作为对照。试验共6个处理,每个处理重复9次,共54盆,随机区组排列,试验处理设计组合见表2-1。

表2-1 试验处理设计

处理	水分水平	覆膜进程			
		苗期	拔节—抽雄期	抽雄期	成熟期
W_H UJ	高水(W_H)	+	-	+	+
W_H UT		+	+	-	+
W_H MF		+	+	+	+
W_L UJ	低水(W_L)	+	-	+	+
W_L UT		+	+	-	+
W_L MF		+	+	+	+

注:表中“-”表示揭膜,“+”表示覆膜。

为了保证出苗,播前各处理均灌至85% θ_F。2011年7月7日开始播种,每盆播入5粒经过挑选大小基本一致的饱满籽粒,播种后保持正常供水,三叶期定苗,每桶1株,并开始控水,使土壤含水量达到设定的标准范围,同时开始进行揭膜处理。2011年10月24日收获。

2.1.3 测定项目与方法

土壤含水量:用称重法测定各处理的土壤含水量,当土壤含水量降至该处理水分下限时即进行灌水,用量筒精确量取所需水量,灌水使达到该处理水分控制上限。

耗水量:精确记录各处理灌水量,夏玉米收获时测定土壤含水量并折算成水量。总耗水量=全生育期累积灌水量-夏玉米收获时盆中水量。

水分利用效率(*WUE*):用籽粒产量与生育期内总耗水量的比值表示。

根系特征参数:在夏玉米灌浆晚期,收获期前(保证根系仍具有一定的活力),每个处理选取3盆用水浸泡、冲洗根系,从盆中取出完整根系,用镊子去除杂质和杂根,得到根样品。用Epson Expression 4990

型扫描仪对根样进行扫描，扫描仪的分辨率设为 360 dpi。扫描时将根样放入透明的托盘内，并需在托盘内加入清水淹没根系（如果水太少容易产生阴影影响测定结果），用镊子将根系充分展开，避免互相缠绕。扫描出的图像经 Adobe Photoshop 7. 0 处理去掉边框后，用 Win RHIZO根系分析软件分析得到根样的根长、根表面积、根体积和根的平均直径（高丽等，2012）。

2.1.4　数据分析

试验数据利用 SAS 9. 2 统计分析软件进行主成分分析和方差分析，用 Excel 和 Origin 软件进行图表绘制。

2.2　结果与分析

2.2.1　不同水分条件与覆膜进程对夏玉米根系主成分分析及评价

2.2.1.1　主成分分析法的原理及计算步骤

主成分分析法的建模步骤如下（岳田利等，2007）：

观测样本的原始数据矩阵可以写为

$$\boldsymbol{X} = \begin{bmatrix} x_{11} & x_{12} & \cdots & x_{1p} \\ x_{21} & x_{22} & \cdots & x_{2p} \\ \vdots & \vdots & & \vdots \\ x_{n1} & x_{n2} & \cdots & x_{np} \end{bmatrix} \tag{2-1}$$

式中：n 和 p 分别为样本数和变量数。

（1）原始指标数据的标准化采集，对样本集中的元素 x_{ik} 构造样本阵：

$$x_{ik} = \frac{x_{ik} - \overline{x_k}}{S_k} \quad (i = 1,2,\cdots,n;k = 1,2,\cdots,p) \tag{2-2}$$

对样本阵元进行如下标准化变换，其中：

$$\overline{x_k} = \frac{1}{n}\sum_{i=1}^{n} x_{ik} \tag{2-3}$$

$$S_k^2 = \frac{1}{n-1}\sum_{i=1}^{n}(x_{ik} - \overline{x_k})^2 \tag{2-4}$$

(2)对标准化阵求相关系数矩阵：

$$\boldsymbol{X} = \begin{bmatrix} r_{11} & r_{12} & \cdots & r_{1p} \\ r_{21} & r_{22} & \cdots & r_{2p} \\ \vdots & \vdots & & \vdots \\ r_{n1} & r_{n2} & \cdots & r_{np} \end{bmatrix} \tag{2-5}$$

(3)特征值和特征向量的计算。用雅可比方法求解特征方程$|\boldsymbol{R} - \lambda \boldsymbol{I}|$的 p 个非负特征值,即求方程

$$r_n\lambda^p + r_{n-1}\lambda^{p-1} + \cdots + r_1\lambda + r_0 = 0 \tag{2-6}$$

的特征多项式,求 $\lambda_1,\lambda_2,\cdots,\lambda_p$并使 λ_i按大小进行排列,即

$$\lambda_1 \geqslant \lambda_2 \geqslant \cdots \geqslant \lambda_p \geqslant 0 \tag{2-7}$$

对应于特征值 λ_i的相应特征向量为

$$C^{(i)} = (C_1^{(i)}, C_2^{(i)}, \cdots, C_p^{(i)}) \quad (i = 1,2,\cdots,p) \tag{2-8}$$

并且满足条件：

$$C^{(i)}C^{(j)} = \sum_{i=1}^{p} C_k^{(i)}C_k^{(j)} = \begin{cases} 1 & (i = j) \\ 0 & (i \neq j) \end{cases} \tag{2-9}$$

(4)贡献率和累积贡献率计算。

$$\beta_i = \frac{\lambda_i}{\sum_{i=1}^{p}\lambda_i} \quad (i = 1,2,\cdots,p) \tag{2-10}$$

$$\beta = \sum_{i=1}^{p}\left(\frac{\lambda_i}{\sum_{i=1}^{p}\lambda_i}\right) \tag{2-11}$$

(5)选取 $m(m<p)$个主分量。当前面 m 个主分量 $Z_1,Z_2,\cdots,Z_p$ $(m<p)$的方差和占前面总方差的比例

$$a = \frac{\sum_{i=1}^{m} \lambda_i}{(\sum_{i=1}^{p} \lambda_i)} \tag{2-12}$$

接近于 1 时(如 $a \geqslant 0.85$),选取前 m 个因子 $Z_1, Z_2, \cdots, Z_m$ 为第 1,2,$\cdots$,m 个主分量。

(6)由特征向量构造主成分表达式

$$\begin{cases} Z_1 = C_1^{(1)} x_1 + C_1^{(2)} x_2 + \cdots + C_1^{(p)} x_p \\ Z_2 = C_2^{(1)} x_1 + C_2^{(2)} x_2 + \cdots + C_2^{(p)} x_p \\ \vdots \\ Z_m = C_m^{(1)} x_1 + C_m^{(2)} x_2 + \cdots + C_m^{(p)} x_p \end{cases} \tag{2-13}$$

主成分是原变量的线性组合。

2.2.1.2 不同水分条件与覆膜进程对夏玉米根系主成分分析及评价

根长、根表面积、平均直径、根体积和根系干质量等参数(见表 2-2)可以作为评价植株根系生长状况的指标。由表 2-2 可知,不同水分条件和覆膜进程的组合处理对根系各项特征参数有显著影响。在相同水分条件下,UT 处理的根系生长量均为最大;而在相同覆膜进程下,整体呈现出高水(W_H)处理的促根作用优于低水(W_L)处理。

表 2-2 整根特征参数

处理	根长 x_1(cm/株)	根表面积 x_2(cm^2/株)	平均直径 x_3(mm/株)	根体积 x_4(cm^3/株)	根系干质量 x_5(g/株)
W_HUJ	7 781.00b	1 501.28cd	0.68bc	35.67b	5.78b
W_HUT	9 690.50a	2 087.79a	0.85a	44.77a	11.30a
W_HMF	7 121.47c	1 936.16ab	0.71b	25.75d	5.71b
W_LUJ	8 025.52b	1 717.84bc	0.66bc	22.66d	4.12b
W_LUT	9 351.22a	1 885.64ab	0.70bc	30.78c	5.27b
W_LMF	6 889.51c	1 380.98d	0.60c	25.90d	4.10b

注:Duncan 新复极差法;表中同一列不含相同字母表示处理间差异显著($P<0.05$),下同。

以不同水分条件和覆膜进程组合处理的夏玉米根系为评价对象，采用 SAS 9.2 统计分析软件的 PRINCOMP 过程对根长、根表面积、平均直径、根体积和根系干质量这5个根系指标进行主成分分析，计算的特征值和特征向量分别见表2-3和表2-4。

表2-3 相关矩阵的特征值和累积贡献率

主分量	特征值	相邻特征值之差	贡献率	累积贡献率
1	3.98	3.35	0.795 5	0.795 5
2	0.63	0.26	0.125 4	0.920 9
3	0.37	0.346	0.073 0	0.993 9
4	0.024	0.018	0.004 8	0.998 7
5	0.006	—	0.001 3	1.000 0

表2-3给出的是相关矩阵的特征值。特征值越大，它所对应的主成分变量包含的信息就越多。第1~5个主成分的贡献率分别为79.55%、12.54%、7.30%、0.48%和0.13%。由累积贡献率可知，前两个主成分所包含的信息量占总信息量的92.09%。

表2-4 相关矩阵的特征向量

根系指标	特征向量				
	*Prin*1	*Prin*2	*Prin*3	*Prin*4	*Prin*5
x_1	0.42	0.16	0.87	-0.22	-0.02
x_2	0.41	0.72	-0.23	0.34	0.39
x_3	0.49	0.08	-0.27	0.02	-0.82
x_4	0.43	-0.32	0.06	0.62	0.20
x_5	0.48	-0.26	-0.35	-0.68	0.36

表2-4给出的是相关矩阵的特征向量，由此我们可以得到由标准化变量所表达的各主成分的关系式，由于前两个主成分已反映了全部信息的92.09%，因此我们只写出前两个主成分的表达式，即

$$Prin1 = 0.42x_1 + 0.41x_2 + 0.49x_3 + 0.43x_4 + 0.48x_5$$

$$Prin2 = 0.16x_1 + 0.72x_2 + 0.08x_3 - 0.32x_4 - 0.26x_5$$

由上式可知，第一主成分的代表变量是 x_1、x_2、x_3、x_4 和 x_5，分别代表根长、根表面积、平均直径、根体积和根系干质量，且与主成分呈正相关关系；第二主成分的代表变量是 x_2，代表根表面积，两者也呈正相关关系。选取前两个主成分作为不同水分条件和覆膜进程组合处理下，根系生长状况的综合评价指标。

以前两个主成分各自的贡献率为权数求权重，得到主成分综合得分为

$$E = 0.7955Prin1 + 0.1254Prin2$$

这个综合得分 E 可以作为不同水分条件和覆膜进程组合处理促根效果的综合评价指标。将不同处理下各根系特征参数代入上式，得到根系生长状况的综合评价结果见表 2-5。

表 2-5　不同水分条件和覆膜进程组合处理下根系生长的综合主成分

处理	W_HUJ	W_HUT	W_HMF	W_LUJ	W_LUT	W_LMF
综合主成分	3 394.09	4 319.37	3 338.59	3 566.36	4 108.63	3 024.68

由表 2-5 可知，适时揭膜（UJ、UT）处理的综合得分均优于全生育期覆膜（MF）处理。尤其是 W_HUT 处理的综合得分最高，说明在高水条件下（W_H:65% θ_F ~80% θ_F），夏玉米抽雄期揭膜可以显著促进根系的生长。

2.2.2　不同水分条件与覆膜进程对夏玉米产量和水分利用效率的影响

夏玉米在不同水分条件与覆膜进程组合处理下的产量及水分利用情况见图 2-1。各处理对应关系见表 2-1。

由图 2-1 分析知，在高水条件下（W_H），UT 处理的籽粒产量最大，较 MF 处理提高了 12.45%，且差异显著（$P<0.05$），其次是 UJ 处理，较 MF 处理差异不明显（$P>0.05$），仅提高了 0.33%；在水分利用效率

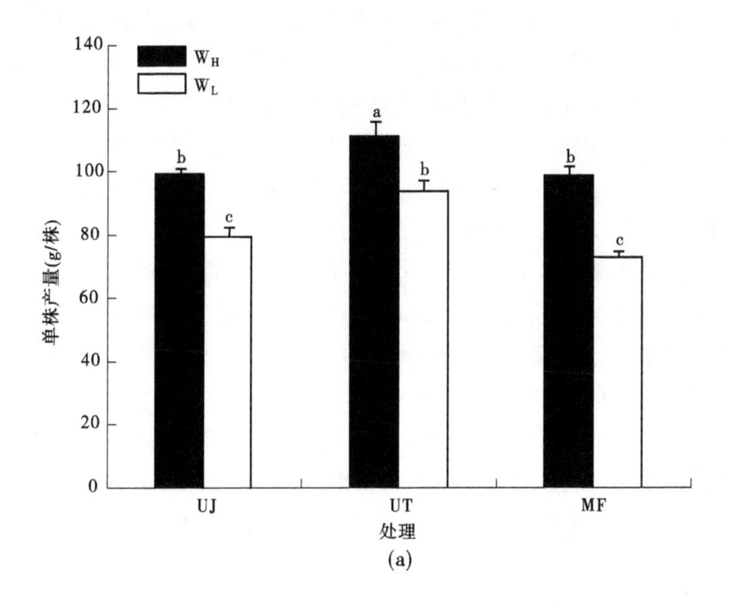

(a)

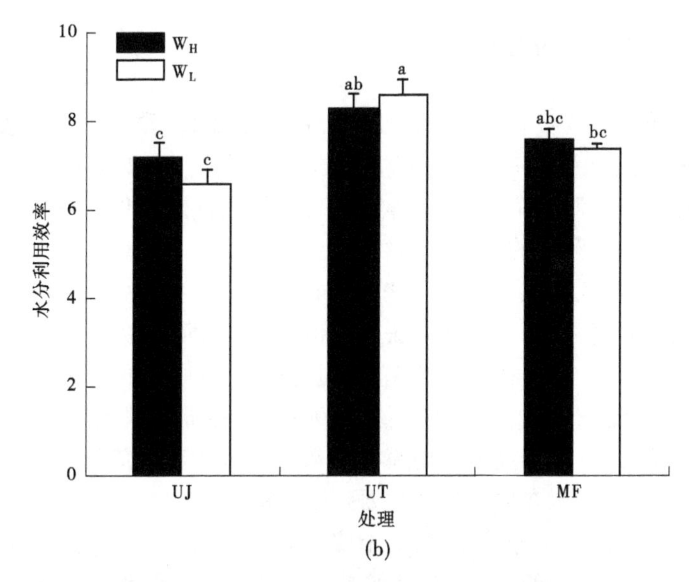

(b)

注:图中不同字母表示处理间差异显著($P<0.05$)

图 2-1　不同水分条件和覆膜进程组合处理下夏玉米的生长指标

方面,UT处理也为最大,较MF处理增加了9.33%,差异不显著($P>0.05$),但UJ处理较MF处理却减少了5.81%。在低水条件下(W_L),与MF处理相比,UT处理的籽粒产量提高了28.62%,差异显著($P<0.05$),UJ处理提高了9.10%,差异不明显($P>0.05$);UT处理的水分利用效率也为最大,较MF处理增加了16.02%,差异显著($P<0.05$),但UJ处理较MF处理却减少了10.58%。

试验结果表明,在相同水分条件下,与全生育期覆膜处理相比,适时揭膜尤其是抽雄期揭膜(UT)处理可以获得最大籽粒产量和最佳水分利用效率。当覆膜进程相同时,在产量方面,高水(W_H)处理均大于低水(W_L)处理,且差异显著($P<0.05$);而在水分利用效率(*WUE*)方面,高水(W_H)处理略高于低水(W_L)处理,差异不明显($P>0.05$),这主要是由于低水处理的籽粒产量和生育期内总耗水量均小于高水处理,而水分利用效率(*WUE*)是用籽粒产量与生育期内总耗水量的比值来表示的。

2.3 讨论与小结

根系是作物吸收水分和矿质营养的主要器官,作物对土壤水分和养分的利用状况取决于根系的生长状况(慕自新,2003;马富举等,2012;王淑芬等,2006;杨启良等,2012)。虽然盆栽条件下作物根系的生长受到一定程度的限制,根系特征参数绝对值和大田条件下相比存在一定的差异,但是不同处理之间的相对值不受生长空间的影响。并且就控水自身而言,盆栽称重法还是相对准确且简便易行的方法。

本书研究表明,在所有处理中,相同水分条件下,抽雄期揭膜(UT)处理的籽粒产量、水分利用效率(*WUE*)以及在促进根系生长、增强根系活性方面,均优于拔节期揭膜(UJ)处理和全生育期覆膜(MF)处理。

首先,夏玉米在生育前期主要是以植株生长为主,在此期间进行覆膜可以减少土壤水分蒸发,提高土壤温度,有利于根系土壤微生物的活动,增加土壤养分的含量,能够促进作物地上部分的生长(李凤民等,2000);到生育中后期时,尤其是抽雄期,是籽粒形成的关键时期,此时充足的水分和养分是作物取得高产的保障(刘小刚,2009)。然而,长时间的覆膜高温,使得此时土壤中养分分解释放过快,造成养分供应不充足,而且长时间覆膜阻碍了土壤中的空气与外界空气的交换,有害物质不能排出,大气中空气与土壤空气交换减弱,根系呼吸作用受到阻碍,影响了根系的生长发育,进一步影响根系的吸水、吸肥能力(李凤民等,2001)。另外,虽然从理论上来讲,抽雄期玉米的部分根系指标已经建成,但是在夏玉米实际生长过程中,当根区水、汽、热等养分条件发生变化时,大量须根(吸水根系)会随之变化。因此,此时进行揭膜处理,不但能够保持土壤肥力,还能够提高根系活性,促进吸水根系的大量生长以及向更广泛的区域发展,有利于玉米根域均衡高效地向植株提供水分和营养物质,从而提高夏玉米地上部分的生物产量,进而提高经济产量。

其次,当覆膜进程相同时,高水(W_H)处理的促根作用要优于低水(W_L)处理。这说明长期的水分亏缺不利于根系的生长,会降低根系活性,加速根系老化死亡(康绍忠等,2001);在籽粒产量方面,高水(W_H)处理显著大于低水(W_L)处理,这与前人的研究结果一致(Grant R E 等,1989;Gambin B L 等,2007;刘树堂等,2003;Recep C,2004;石喜等,2009)。

此外,由于低水(W_L)处理大幅降低了夏玉米的灌水量,所以在水分利用效率(*WUE*)方面,与高水(W_H)处理的差异不明显,然而这种灌水量的降低却是以玉米最终产量的大幅下降为代价的。

综上所述,本书通过主成分分析法对不同水分条件和覆膜进程的组合处理下覆膜夏玉米根系生长状况进行评价分析,得到高水条件下(W_H:65% θ_F ~80% θ_F),对覆膜夏玉米在抽雄期进行揭膜(UT)处理,根系生长状况的综合主成分最高,籽粒产量和水分利用情况最佳,具有较好的节水增产效果。本书研究成果对覆膜夏玉米根系—产量—水分相协调的水分条件和地膜覆盖模式形成及覆膜优质高产技术体系研究具有重要意义。

第3章　不同水分条件与覆膜进程对覆膜春玉米生理生长及产量的影响

近年来,许多研究表明,水分亏缺对作物并不总是表现为负面效应。相反,植物在有限的水分亏缺下会表现出一定的补偿效应,在某些情况下不仅不降低产量,反而能增加产量,提高水分利用效率(康绍忠,2003;杨恩琼等,2009)。作物产生的补偿效应是水分亏缺条件下作物能够保持较高产量甚至超过正常水平处理的主要原因之一(康绍忠等,2004)。

我国自20世纪70年代末引入地膜覆盖技术,与传统栽培技术相比,该技术具有节水、增温、保墒等作用(Cook H F 等,2006;杜延军等,2004;Ghosh P K 等,2006;Li F M 等,2004)。但是,长期以来的生产实践表明,地膜覆盖导热性差和不透气的特点,造成多种覆膜作物生长发育中后期出现不同程度的早衰现象,直接影响了作物产量和品质的进一步提高。究其原因,除耕作、水肥因素外,一般与作物生育后期土壤中的气、热条件关系密切。

目前,国内在不同水分条件与覆膜进程对作物水分利用效率及生理性状的影响方面鲜见报道。本书以盆栽玉米为研究对象进行水分和揭膜处理,旨在探明不同水分条件下覆膜进程对覆膜春玉米生理生长性状、产量和水分利用效率的影响,为完善玉米覆膜栽培技术、节水增产提供理论基础。

3.1　材料与方法

3.1.1　试验地点和材料

盆栽试验于2012年4～7月在西北农林科技大学旱区农业水土工程教育部重点实验室遮雨棚中进行。供试春玉米品种为蠡玉8号。试验用盆上部内径32 cm、底部内径26 cm、高32 cm，盆底均匀分布7个小孔，并铺有纱网和细砂以保证良好的通气条件。供试土壤为西北农林科技大学节水灌溉试验站的大田0～20 cm耕层土壤，经自然风干，磨细过2 mm筛备用。土壤基本理化性质为：田间持水量为24%（质量含水量），有机质含量为12.21 g/kg，全氮为0.80 g/kg，全磷为0.45 g/kg，全钾为13.1 g/kg，碱解氮为36.01 mg/kg，速效磷为7.13 mg/kg，速效钾为104.64 mg/kg。控制装土密度为1.30 g/cm^3，每盆装土20 kg，初始含水量为3%。基肥在装盆时和土样混合均匀一次性施入，基肥用量为每千克干土折合纯氮0.2 g、P_2O_5 0.15 g（氮肥用尿素，磷肥用KH_2PO_4，氮肥和磷肥均用分析纯试剂），可保证作物正常生长，故生长期间不再追施其他肥料。并在土壤中按1:20（蛭石:土壤）加入蛭石，可以防止土壤因灌溉而引起的板结，同时有利于保持良好的土壤透气性。

3.1.2　试验设计

盆栽试验采用两因素，即水分条件和覆膜进程。覆膜进程分别设拔节—抽雄期揭膜和抽雄期揭膜2个处理，另外设置全生育期覆膜（mulching plastic film，简称MF）处理作为对照（CK）。水分设高、中、低3个水分控制水平，其灌水控制范围以控制土壤含水量占田间持水量（θ_F）的百分数表示，分别为田间持水量的70%～80%（W_H）、60%～70%（W_M）和50%～60%（W_L）。试验共9个处理，每个处理重复9次，共81盆，随机区组排列，试验处理组合设计见表3-1。

表 3-1 试验处理组合设计

处理	水分水平	覆膜进程				
		苗期	拔节—抽雄期	抽雄期	灌浆期	成熟期
W_H UJ		+	−	+	+	+
W_H UT	高水(W_H)	+	+	−	+	+
W_H MF		+	+	+	+	+
W_M UJ		+	−	+	+	+
W_M UT	中水(W_L)	+	+	−	+	+
W_M MF		+	+	+	+	+
W_L UJ		+	−	+	+	+
W_L UT	低水(W_L)	+	+	−	+	+
W_L MF		+	+	+	+	+

注:表中“ - ”表示揭膜,“ + ”表示覆膜。

为了保证出苗,播前各处理均灌至85% θ_F。2012 年 4 月 22 日开始播种,每盆播入 5 粒经过挑选大小基本一致的饱满籽粒,播种后保持正常供水,三叶期定苗,每桶 1 株并开始控水,使土壤含水量达到设定的标准范围,同时开始进行揭膜处理。2012 年 8 月 19 日收获。

3.1.3 测定项目与方法

3.1.3.1 土壤水分的测定

用称重法测定各处理的土壤含水量,每天早上 08:00 用感量为 1 g 的上海产 DY20K 型电子天平对盆称重 1 次,测量各处理的土壤含水量,当土壤含水量降至该处理水分下限时即进行灌水,用量筒精确量取所需水量,灌水使达到该处理水分控制上限。

3.1.3.2　**土壤温度的测定**

在盆栽玉米生育期内，每隔7 d左右，采用曲管地温计对不同处理地下5 cm、10 cm和15 cm处的土层温度进行测定，测定时间为每日08:00、14:00、18:00，每次连续测定3~5 d。

3.1.3.3　**株高、茎粗及叶面积的测定**

分别于抽雄期、灌浆期和成熟期在各处理随机选取3盆，早上09:00测量株高、茎粗及叶面积。测量株高时，盆上横放一条形玻璃，保证每次测量起点相同，采用米尺测量，抽雄前为玉米植株基部至最高叶尖的高度，抽雄后为植株基部至雄穗顶端的高度；采用米尺测量玉米叶长（从叶枕到叶尖的距离）、叶宽（叶面最宽处的距离），利用"系数法"计算叶面积，其经验公式为

$$\text{玉米单叶面积} = \text{叶长} \times \text{叶宽} \times 0.75$$

玉米单株叶面积为全株绿叶面积总和；用游标卡尺测定茎粗。

3.1.3.4　**生物量的测定**

玉米成熟收获时，在各处理随机选取3盆，先将含有土体的植株取出，放入水池浸泡，直到土柱变得松散，然后用水冲洗出完整的根系。将取样的植株从茎基部剪下，获得完整的冠和根，然后用滤纸吸干附着水，将根、冠分别装于牛皮纸袋中，恒温烘箱中105 ℃杀青15 min，75 ℃烘干至恒重，并称取干重。根、冠质量之和为总生物量，并计算根冠比。

3.1.3.5　**生理指标的测定**

于玉米灌浆期取各处理植株穗位叶，作为待测样品，每次上午08:00取样，各处理均取3盆，洗净叶片表面尘土和污物，用吸水纸小心擦干表面水分，去除叶脉，混匀，测定各项指标。用TTC法测定根系活力；用80%丙酮浸提法测定，按Inskeep法计算叶绿素（Chl）含量。用磺基水杨酸法提取、测定游离脯氨酸（Pro）含量；采用硫代巴比妥酸比色法测定丙二醛（MDA）含量（高俊凤，2005；Heath R L和Packer L，1968；苏正淑和张宪政，1989）。

3.1.3.6 耗水量计算与水分利用效率计算

耗水量:精确记录各处理灌水量,玉米收获时测定土壤含水量并折算成水量。

总耗水量 = 全生育期累积灌水量 - 玉米收获时盆中水量

水分利用效率(*WUE*):水分利用效率(*WUE*)用籽粒产量与生育期内总耗水量的比值表示。

3.1.4 数据分析

试验数据用 DPS 和 Excel 2003 软件进行处理和统计分析,采用最小显著极差法(least significant different,LSD)的差异显著性分析,显著性水平 $P \leqslant 0.05$;采用 Micrsoft Excel 2003 和 OriginPro8 软件进行作图。

3.2 结果与分析

3.2.1 土壤温度

春末夏初气温比较低,通过覆盖地膜能够提高地温和土壤保水保肥性能。作物生育前期进行地膜覆盖,能够改善土壤水热状况,提高作物出苗率,促进根系早期的生长,增加根长、根数和提高根质量,改善作物根系在土壤中的布局,增强根系活性及根系对水分和养分的吸收能力(蔡焕杰等,2002;李生秀等,1994;杨建设和许育彬,1997)。但是近年来的生产实践证明,全生育期覆盖地膜,会导致作物生育中后期土壤温度过高,降低土壤通透性,加速作物早衰,导致作物减产(李凤民等,2001)。因此,本书对揭膜对春玉米生育中后期根区土壤温度的影响进行了研究,在本书研究中,为了排除水分处理对土壤温度的干扰,选取统一的水分水平,即中水(WM)处理下春玉米生育中后期的土壤温度来进行分析,不同时期揭膜处理对玉米生育中后期不同土层地温的影响见表 3-2。

表 3-2　不同时期揭膜处理对玉米生育中后期不同土层地温的影响

（单位:℃）

土层	时刻	UJ	UT	MF	Δt (MF－UJ)	Δt (MF－UT)	气温
5 cm	08:00	26.2	25.6	26.0	－0.20	0.40	26.1
	14:00	37.4	35.4	37.5	0.10	2.10	31.2
	18:00	35.1	33.4	34.9	－0.20	1.50	28.9
	平均	32.9	31.5	32.8	－0.10	1.33	28.7
10 cm	08:00	26.0	25.3	26.1	0.10	0.80	26.1
	14:00	36.2	33.7	36.3	0.10	2.60	31.2
	18:00	35.1	33.5	35.3	0.20	1.80	28.9
	平均	32.4	30.8	32.6	0.13	1.73	28.7
15 cm	08:00	25.4	24.9	25.3	－0.10	0.50	26.1
	14:00	33.8	32.3	33.6	－0.20	1.30	31.2
	18:00	34.0	32.5	34.1	0.10	1.60	28.9
	平均	31.1	29.9	31.0	－0.07	1.13	28.7

由表 3-2 可知，拔节—抽雄期揭膜（UJ）处理在 5 cm、10 cm、15 cm 处的平均土壤温度与全生育期覆膜（MF）处理相比无明显差异。而抽雄期揭膜（UT）处理 5 cm、10 cm、15 cm 处的平均土壤温度与全生育期覆膜（MF）处理相比，降低了 1.4 ℃，其中 10 cm 处降幅最大（1.73 ℃），5 cm 处降幅次之（1.33 ℃），15 cm 处降幅最小（1.13 ℃），即 $\Delta t_{10\ cm} > \Delta t_{5\ cm} > \Delta t_{15\ cm}$；从时间上看，UJ 处理与 MF 处理之间在 08:00、14:00 和 18:00 都没有明显差异。而与 MF 处理相比，UT 处理在14:00 的土壤温度降幅最大（2 ℃），其次是在 18:00（1.63 ℃），在 08:00 的降幅最小（0.57 ℃），即 $\Delta t_{14:00} > \Delta t_{18:00} > \Delta t_{08:00}$，这说明中午和傍晚 UT 处理可以产生较大幅度的降温，有利于缓解不利高温对玉米生长发育的影响。综合土壤深度和时间这两个因素，相对于 MF 处理的土壤温度，UJ 处理与其差异不大，UT 处理在 10 cm 土层处 14:00 温度的降幅（$\Delta t_{10\ cm,\ 14:00}$）最大（2.6 ℃），UT 处理在 5 cm 土层处 08:00 温度的降幅（$\Delta t_{5\ cm}$，08:00）最小（0.4 ℃）。不同揭膜处理下早中、晚、春玉米不同土层（5 cm、10 cm 和 15 cm）土壤平均温度的变化见图 3-1。

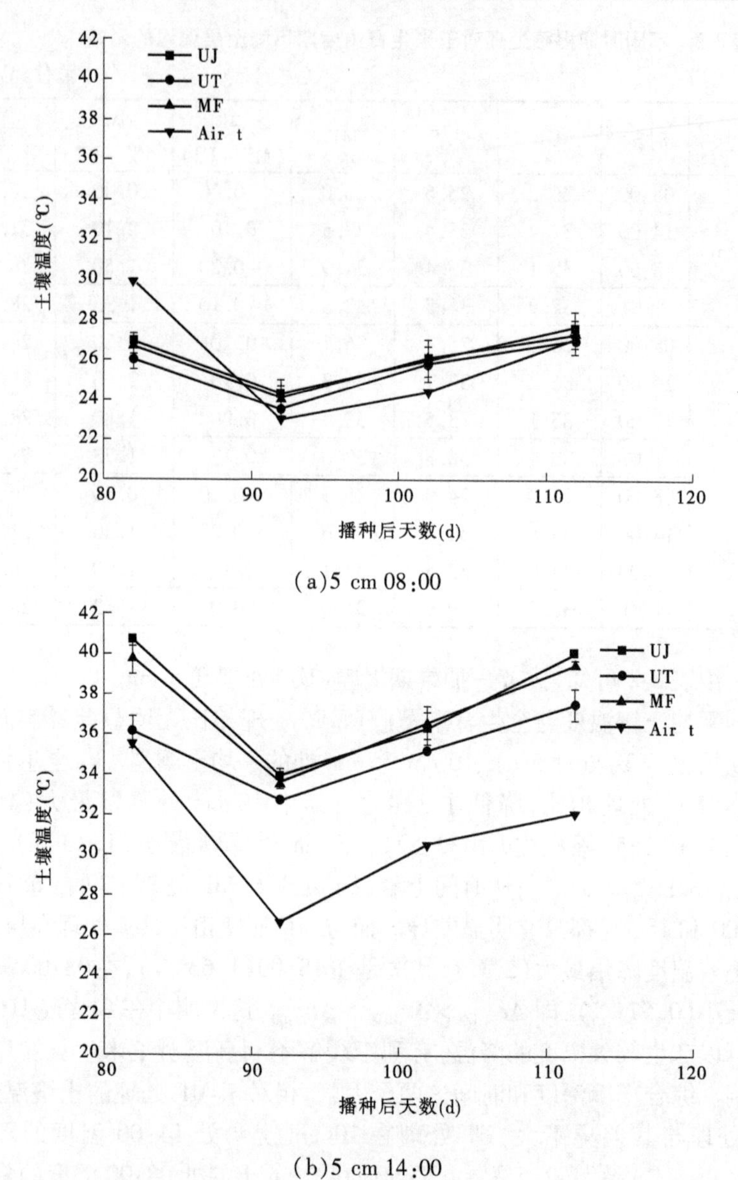

(a)5 cm 08:00

(b)5 cm 14:00

图 3-1　不同揭膜处理下早、中、晚

春玉米不同土层(5 cm、10 cm 和 15 cm)土壤平均温度的变化

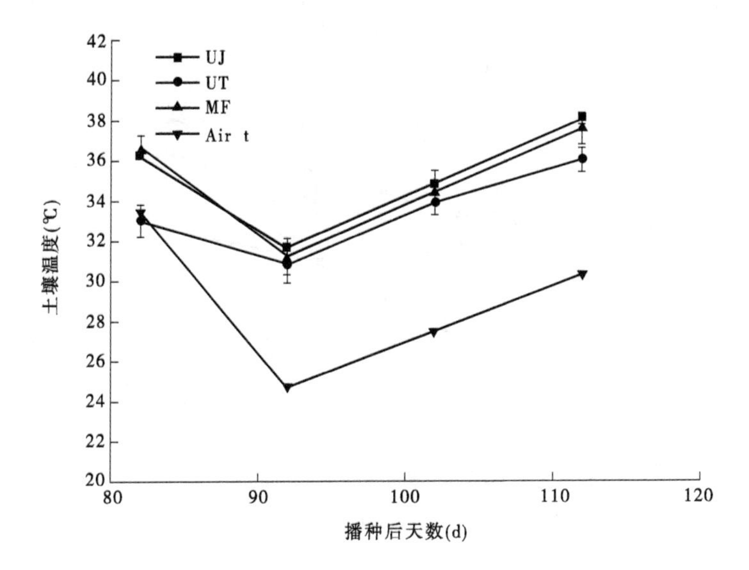

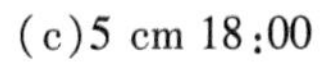
(c)5 cm 18:00

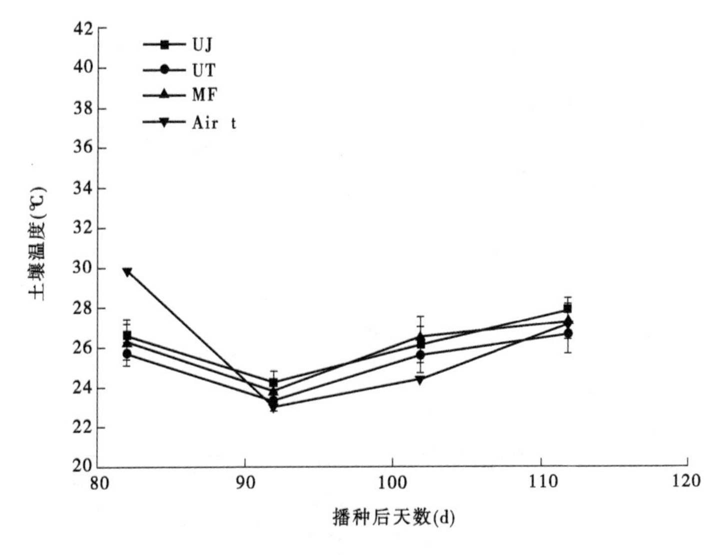

(d)10 cm 08:00

续图3-1

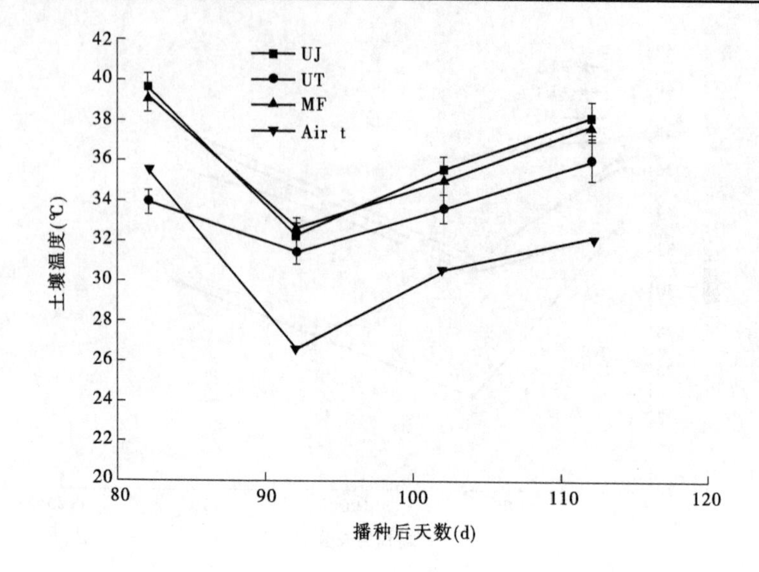

(e)10 cm 14:00

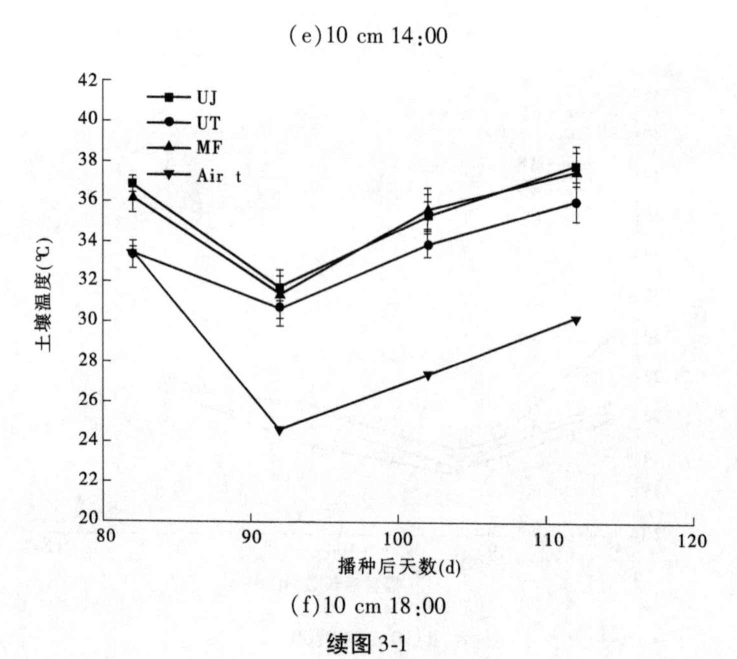

(f)10 cm 18:00

续图 3-1

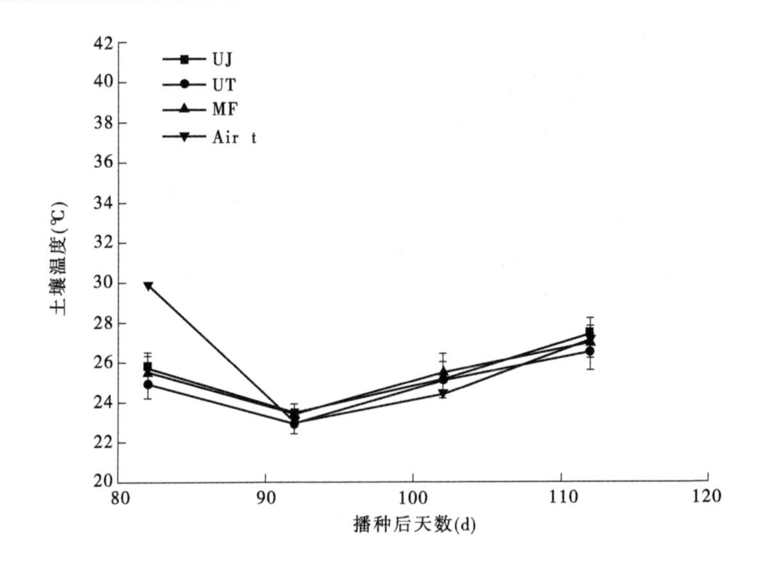

(g)15 cm 08:00

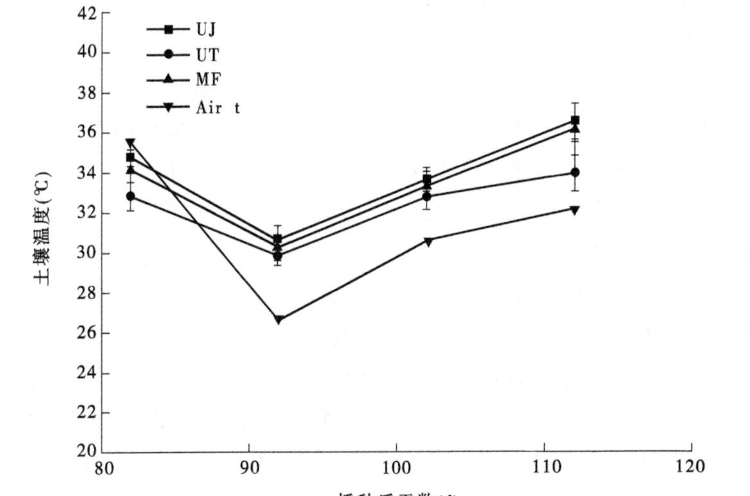

(h)15 cm 14:00

续图 3-1

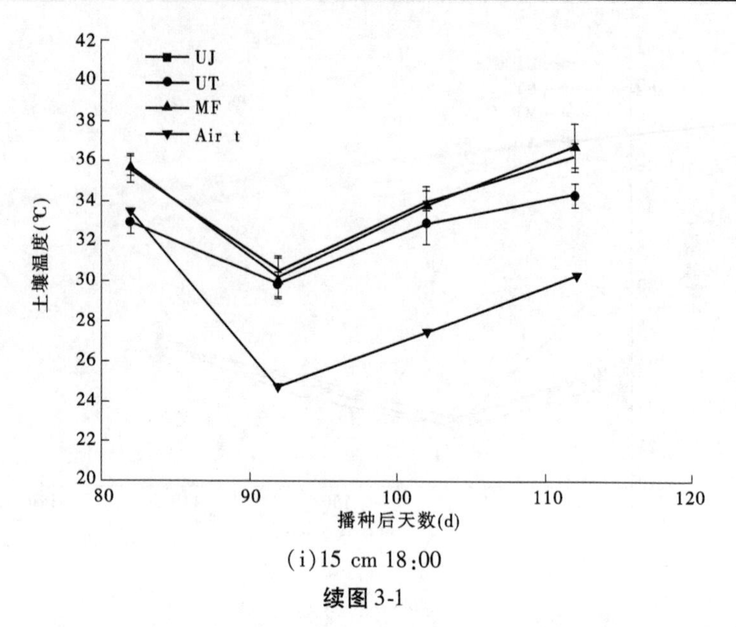

(i)15 cm 18:00

续图 3-1

从图 3-1 我们可以看出,在春玉米生育中后期,随着生育期的推进,各处理土壤温度与气温的变化趋势基本一致。另外,从图 3-1 中我们还可以看出,在相同土层,各处理 08:00 的土壤温度最低[(见图 3-1(a)、(d)、(g)],14:00 的土壤温度最高[(见图 3-1(b)、(e)、(h)];在相同时间点,各处理的土壤温度随着土层深度增加而降低。

本书在 2012 年 7 月 7 日至 8 月 19 日(抽雄—成熟期)这一时段内选取了 3 个气象状况接近的典型日,分别是 7 月 12 日、8 月 1 日和 8 月 20 日。分析不同揭膜处理下春玉米土壤平均温度的日变化情况,结果如图 3-2 所示,从图 3-2 中我们可以看出,UJ、MF 和 UT 处理在 5 cm、10 cm、15 cm 处的平均土壤温度的日变化大致按正弦曲线规律变化,呈现出早晨(08:00)和傍晚(18:00)较低而中午(14:00)较高的变化规律。UJ、MF 和 UT 处理在 5 cm[见图 3-2(a)]和 10 cm[见图 3-2(b)]深度处土壤温度最高值均出现在 15:00,最低值均出现在 08:00;15 cm[见图 3-2(c)]深度处土壤温度最高值均出现在 16:00,最低值均出现在 08:00,说明随着土层深度的增加,土壤温度变化出现了滞后。由图 3-2

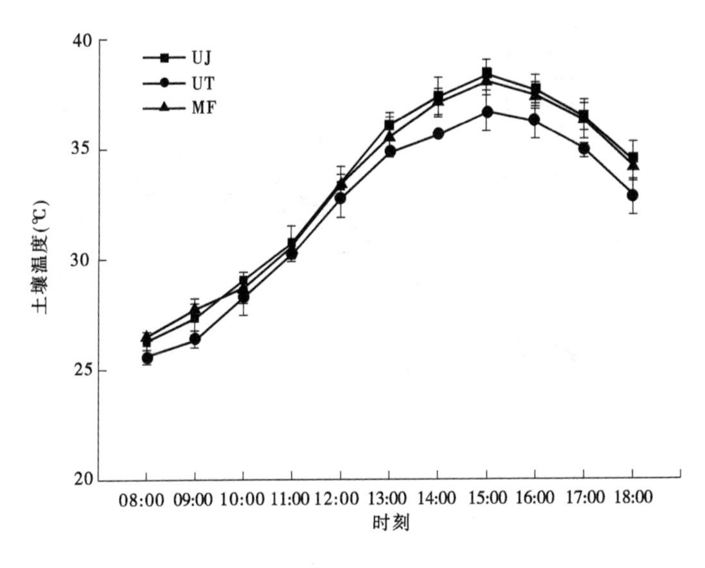

(a)5 cm

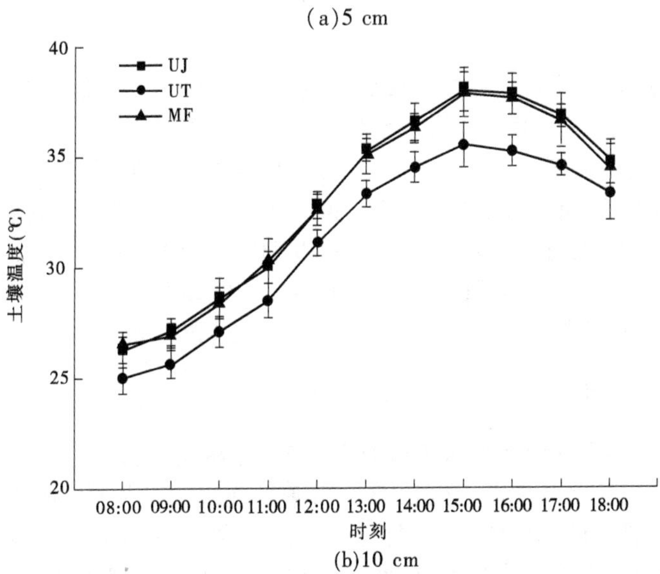

(b)10 cm

图 3-2　不同揭膜处理下春玉米土壤平均温度(5 cm、10 cm 和 15 cm)的日变化

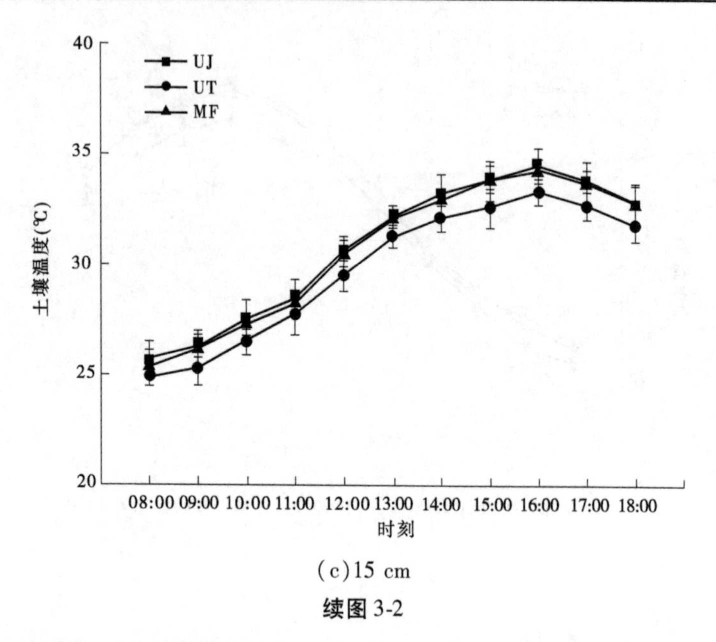

(c)15 cm

续图 3-2

还可以看出,在不同深度处的整个日变化过程中,UJ 处理与 MF 处理在各个时间点的土壤温度差异不大。在 10 cm[见图 3-2(b)]和 15 cm[见图 3-2(c)]深度处,UT 处理在各个时间点均明显低于 MF 处理;在 5 cm[见图 3-2(a)]深度处,上午 08:00 ~ 12:00 这一阶段 UT 处理的土壤温度和 MF 处理相差不大,12:00 ~ 18:00 这一阶段 UT 处理的土壤温度均明显低于 MF 处理。这是由于早上开始温度比较低,土壤蒸发量小,水分散失量少,吸热也少,与 MF 处理相比降幅较小。

3.2.2 不同水分条件与覆膜进程对春玉米生长发育的影响

3.2.2.1 不同水分条件与覆膜进程对春玉米株高的影响

在同一水分条件下,分别将 3 个揭膜处理的株高求平均值,得到 3 个水分条件下的平均株高[见图 3-3(a)]。由图 3-3(a)可知,春玉米株高在抽雄期、灌浆期和成熟期,均呈现出高水(W_H)处理 > 中水(W_M)处理 > 低水(W_L)处理,而且高水(W_H)处理与低水(W_L)处理间、中水(W_M)处理与低水(W_L)处理间差异均达到显著水平($P<0.05$),但 W_H

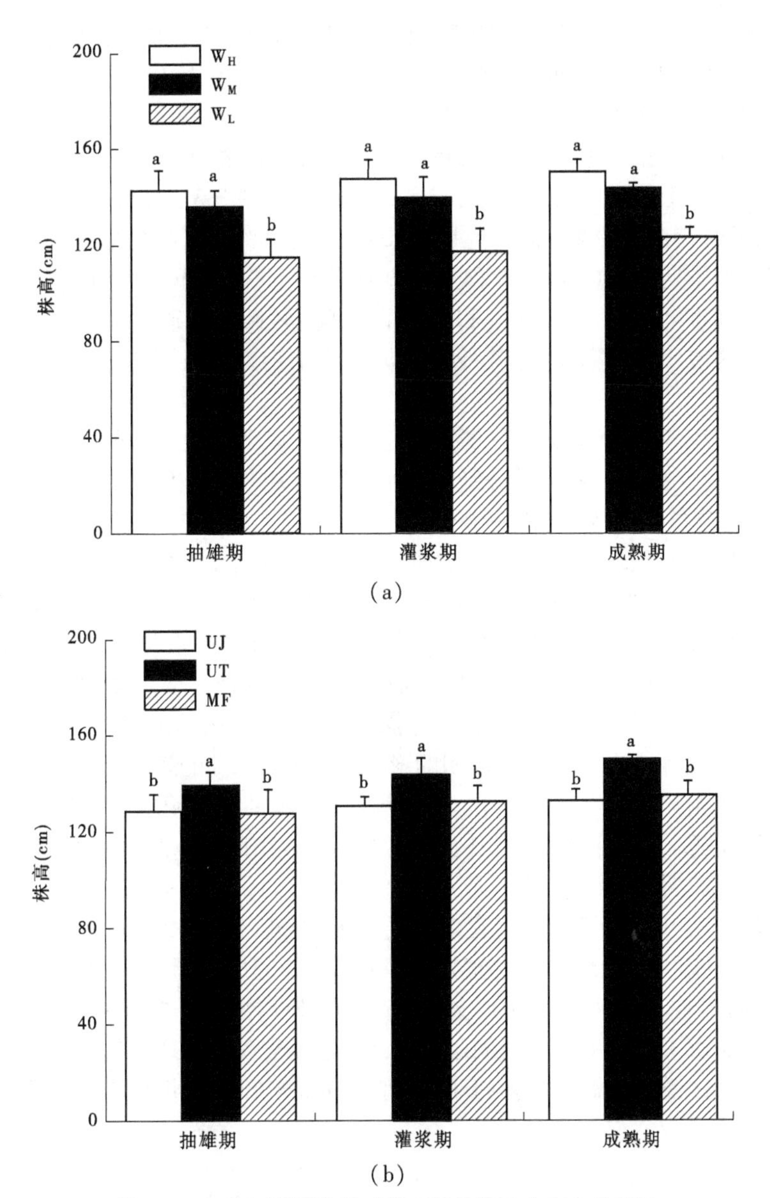

图3-3 水分和覆膜进程对春玉米株高动态变化的影响

注:图中不同字母表示处理间差异显著($P<0.05$),下同

处理与 W_M 处理间的平均株高差异均不显著。说明在水分水平为中水(W_M:60% θ_F ~ 70% θ_F)基础上,再继续增加灌水量,对春玉米的株高已无明显促进作用。

在相同覆膜进程条件下,将 3 个水分处理的株高求平均值,得到 3 个揭膜处理的平均株高[(见图 3-3(b)]。由图 3-3(b)可知,在抽雄期、灌浆期和成熟期,抽雄期揭膜(UT)处理的平均株高均显著高于拔节—抽雄期揭膜(UJ)处理和全生育期覆膜(MF)处理($P<0.05$),但拔节—抽雄期揭膜(UJ)处理和全生育期覆膜(MF)处理之间差异不显著。这说明适时揭膜,尤其是抽雄期揭膜(UT)对春玉米株高有明显促进作用。

3.2.2.2　不同水分条件与覆膜进程对春玉米叶面积的影响

在同一水分条件下,分别将 3 个揭膜处理的叶面积求平均值,得到 3 个水分条件下的平均叶面积[见图 3-4(a)]。由图 3-4(a)可知,各生育时期叶面积均随灌水量的增加而增加;在抽雄期、灌浆期和成熟期,高水(W_H)与中水(W_M)的平均叶面积均显著大于低水(W_L)处理($P<0.05$);在抽雄期和成熟期,高水(W_H)处理与中水(W_M)处理间差异都达到显著水平($P<0.05$),而在灌浆期,高水(W_H)处理与中水(W_M)处理间差异不显著。这说明灌水量的大小显著影响玉米叶面积的扩展,而且灌水量对玉米叶面积的影响程度比对株高的影响更为明显。

在相同覆膜进程条件下,将 3 个水分处理的叶面积求平均值,得到 3 个揭膜处理的平均叶面积[见图 3-4(b)]。由图 3-4(b)可知,在抽雄期和成熟期,抽雄期揭膜(UT)处理的平均叶面积均显著高于拔节—抽雄期揭膜(UJ)处理和全生育期覆膜(MF)处理($P<0.05$),但拔节—抽雄期揭膜(UJ)处理和全生育期覆膜(MF)处理之间差异不显著;灌浆期,抽雄期揭膜(UT)处理显著高于拔节—抽雄期揭膜(UJ)处理($P<0.05$),但 UT 处理与 MF 处理、UJ 处理与 MF 处理之间均无显著差异。这说明抽雄期揭膜(UT)处理对春玉米叶面积扩展有明显促进作用。

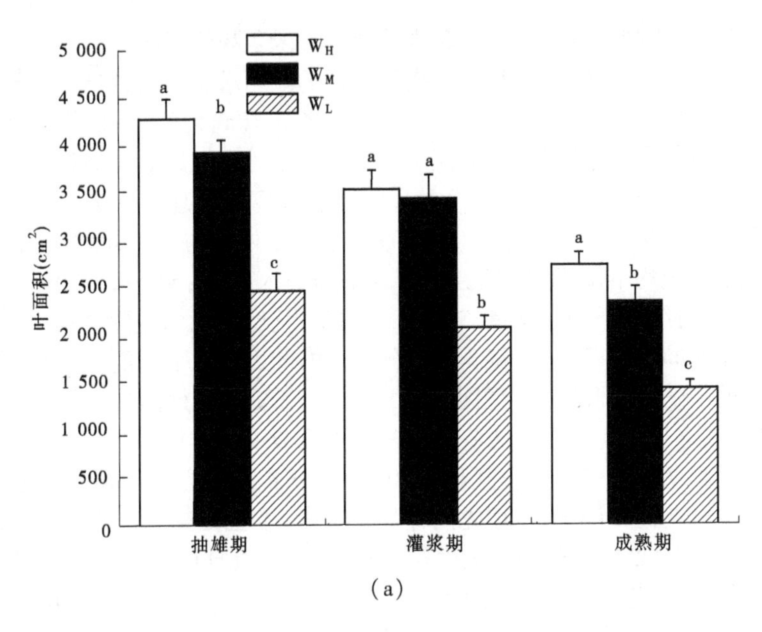

(a)

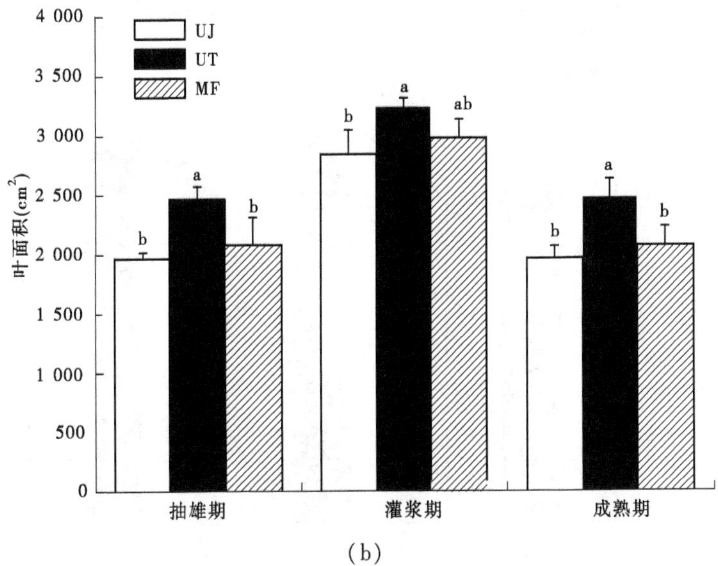

(b)

图3-4　水分和覆膜进程对春玉米叶面积动态变化的影响

3.2.2.3　不同水分条件与覆膜进程对春玉米茎粗的影响

在相同水分条件下，将3个揭膜处理的茎粗求平均值，得到3个水分条件下的平均茎粗[见图3-5(a)]。由图3-5(a)可知，在抽雄期、灌浆期和成熟期，平均茎粗均随灌水量的增加呈现出先增后减的趋势，而且高水(W_H)处理与低水(W_L)处理间、中水(W_M)处理与低水(W_L)处理间差异均达到显著水平($P<0.05$)，但W_H处理与W_M处理间的平均茎粗差异均不显著。说明在水分水平为中水(WM:60% θ_F ~70% θ_F)基础上，再继续增加灌水量，对春玉米的茎粗已无明显促进作用。

在相同揭膜条件下，将3个水分处理的叶面积求平均值，得到3个揭膜处理的平均叶面积[见图3-5(b)]。由图3-5(b)可知，灌浆期，抽雄期揭膜(UT)处理的平均茎粗显著高于拔节—抽雄期揭膜(UJ)处理和全生育期覆膜(MF)处理($P<0.05$)，但拔节—抽雄期揭膜(UJ)处理和全生育期覆膜(MF)处理之间差异不显著；在抽雄期和成熟期，抽雄期揭膜(UT)处理显著高于全生育期覆膜(MF)处理($P<0.05$)，但UT处理与UJ处理、MF处理与UJ处理之间均无显著差异。这说明适时揭膜，尤其是抽雄期揭膜(UT)能有效提高春玉米茎粗的生长。

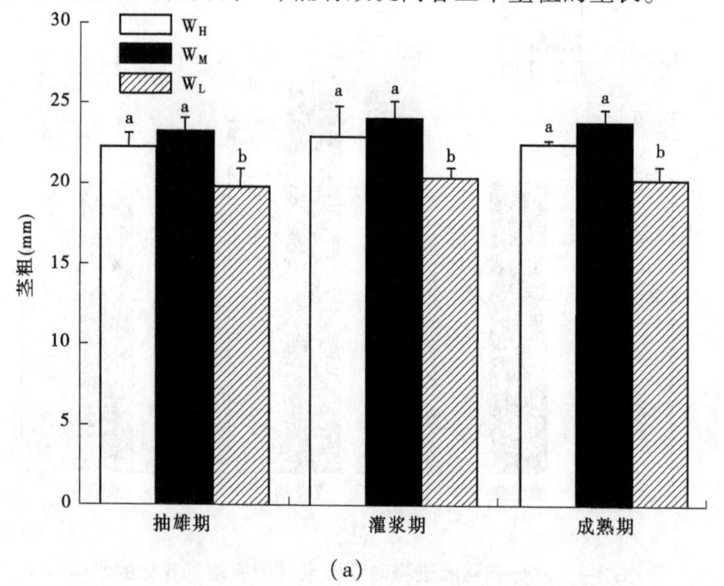

(a)

图3-5　水分和覆膜进程对春玉米茎粗动态变化的影响

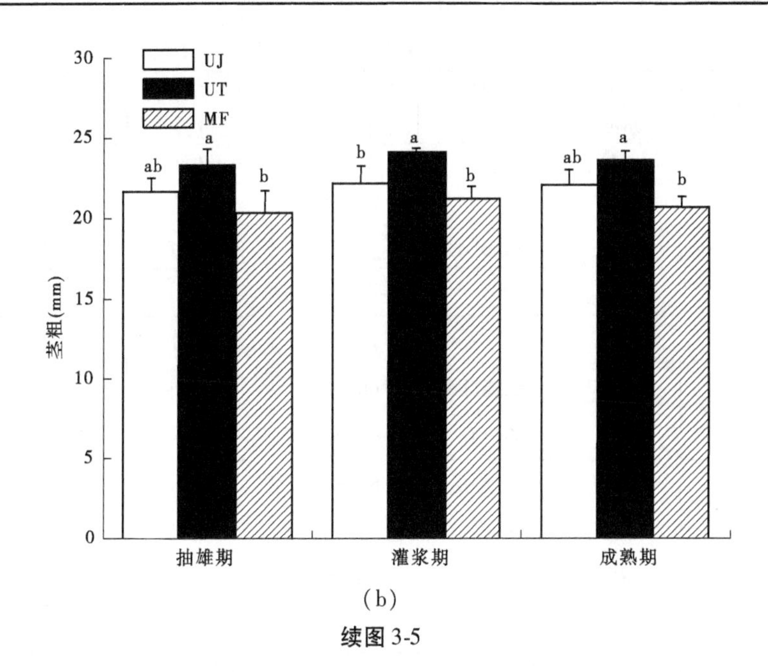

(b)

续图 3-5

3.2.2.4　不同水分条件与覆膜进程对春玉米生物量的影响

不同水分和覆膜进程对春玉米生物量的影响见表 3-3。由表 3-3 可知，春玉米的总生物量、地上部干物质量、地下部干物质量和根冠比受水分、揭膜因素及其互作效应的影响均达到显著水平($P<0.05$)。

表 3-3　不同水分和覆膜进程对春玉米生物量的影响

水分水平	揭膜处理	总生物量(g)	地上部干物质量(g)	地下部干物质量(g)	根冠比 R/S
W_H	UJ	84.03b	73.69bc	10.34d	0.140ef
	UT	103.67a	89.50a	14.17b	0.158d
	MF	86.72b	74.96b	11.76cd	0.157de
W_M	UJ	75.41c	62.69d	12.72bc	0.203b
	UT	96.55a	78.55b	19.00a	0.242a
	MF	76.69c	65.23cd	11.46cd	0.176c

续表 3-3

水分水平	揭膜处理	总生物量(g)	地上部干物质量(g)	地下部干物质量(g)	根冠比 R/S
W_L	UJ	47.37d	42.46e	4.91f	0.116g
	UT	51.99d	44.72e	7.27e	0.163cd
	MF	48.05d	42.56e	5.49ef	0.129fg
	平均值 Mean				
水分水平	W_H	91.47a	79.38a	12.09b	0.152b
	W_M	82.88b	68.82b	14.39a	0.207a
	W_L	49.14c	43.25c	5.89c	0.135c
揭膜处理	UJ	68.94b	59.61b	9.32b	0.153b
	UT	84.07a	70.92a	13.48a	0.188a
	MF	70.49b	60.92b	9.57b	0.154b
水分水平	F 检验(P)				
	W_L	0.000**	0.000**	0.000**	0.000**
覆膜进程	UCP	0.000**	0.000**	0.000**	0.000**
	W_L × UCP	0.012*	0.014*	0.007**	0.000**

注:表中同一列不含相同字母表示处理间差异显著($P<0.05$);NS 表示在 0.05 水平下差异不显著;*、** 分别表示在 0.05 和 0.01 水平下差异显著。下同。

从表 3-3 我们可以看出,不同揭膜处理间的总生物量表现出抽雄期揭膜(UT)处理 > 全生育期覆膜(MF)处理 > 拔节—抽雄期揭膜(UJ)处理,UT 处理的平均总生物量显著高于 MF 处理和 UJ 处理,较 MF 处理和 UJ 处理分别提高了 19.3% 和 21.9%,MF 处理和 UJ 处理间差异不显著。另外,总生物量表现出随着土壤水分的增加而增加的变化趋势,W_H 处理和 W_M 处理的平均总生物量显著高于 W_L 处理,W_H 和 W_M 处理的平均总生物量较 W_L 分别提高了 86.1% 和 68.7%,W_H 处理的平均总生物量较 W_M 处理的又显著提高了 10.4%。

由表 3-3 可知,不同揭膜处理间的地上部干物质量表现出 UT 处

理 > MF 处理 > UJ 处理,UT 处理的平均地上部干物质量显著高于 MF 处理和 UJ 处理,较 MF 处理和 UJ 处理分别提高了 16.4% 和 19.0%,MF 处理和 UJ 处理间差异不显著。另外,地上部干物质量表现出随着土壤水分的增加而增加的变化趋势,W_H 处理和 W_M 处理的平均地上部干物质量显著高于 W_L 处理,W_H 处理和 WM 处理的平均地上部干物质量较 W_L 处理分别提高了 83.5% 和 59.1%,W_H 处理的平均地上部干物质量较 W_M 处理又显著提高了 15.3%。

从表 3-3 的统计结果可知,不同揭膜处理间的地下部干物质量总体表现出在 UT 处理下最高,显著高于 MF 处理和 UJ 处理,平均地下部干物质量较 MF 和 UJ 分别提高了 40.9% 和 44.6%,MF 和 UJ 处理间差异不显著;另外,地下部干质量表现出随着土壤水分的增加先增加后降低的变化趋势,在 W_M 处理时最高,显著高于 W_H 处理和 W_L 处理,平均地下部干质量较 W_H 处理和 W_L 处理分别提高了 19.0% 和 144.3%,W_H 处理的较 W_L 处理又显著提高了 105.3%。

不同揭膜处理间的根冠比(见表 3-3)总体表现出在 UT 处理下最高,显著高于 MF 处理和 UJ 处理,平均根冠比较 MF 处理和 UJ 处理分别提高了 22.1% 和 22.9%,MF 处理和 UJ 处理间差异不显著。另外,根冠比表现出随着土壤水分的增加先增加后降低的变化趋势,在 W_M 处理时最高,显著高于 W_H 处理和 W_L 处理,平均根冠比较 W_H 处理和 W_L 处理分别提高了 36.2% 和 53.3%,W_H 处理的平均根冠比较 W_L 处理又显著提高了 12.6%。

3.2.3　不同水分条件与覆膜进程对春玉米生理特性的影响

3.2.3.1　对根系活力的影响

植物根系是活跃的吸收器官和合成器官,根系的生长情况和活力水平直接影响着作物地上部的营养状况和产量水平,根系活力就是一种客观反映植物根系生命活动的生理指标(毛达如,申建波,2004;魏道智等,2004;王素平等,2006;杨志晓等,2009)。不同水分和覆膜进程对春玉米生理指标的影响见表 3-4。由表 3-4 可知,春玉米根系活力受水分、揭膜影响差异显著,不同揭膜处理间根系活力总体表现出在 UT

处理下最高，显著高于 UJ 处理和 MF 处理，平均根系活力较 UJ 处理和 MF 处理分别提高了 33.3% 和 51.1%。另外，根系活力表现出随着土壤水分的增加先增加后降低的变化趋势，在 W_M 处理时最高，显著高于 W_H 处理和 W_L 处理，平均根系活力较 W_H 处理和 W_L 处理分别提高了 23.3% 和 107.2%，W_H 处理的平均根系活力较 W_L 又显著提高了 68.1%。经两因素方差分析表明，水分与揭膜的互作效应对春玉米根系活性影响不显著。

表 3-4　不同水分和覆膜进程对春玉米生理指标的影响

水分水平	揭膜处理	根系活力 ($mg \cdot g^{-1} FW \cdot h^{-1}$)	叶片叶绿素含量 ($mg \cdot g^{-1}$ FW)	叶片脯氨酸含量 (%)	叶片丙二醛含量 ($nmol \cdot g^{-1}$ FW)
W_H	UJ	0.106d	2.152bc	0.012 21de	72.0de
	UT	0.145b	2.306ab	0.009 9e	57.2f
	MF	0.097de	1.909c	0.014 0d	76.0cd
W_M	UJ	0.133bc	2.070bc	0.017 2c	70.3e
	UT	0.178a	2.550a	0.012 6de	48.1g
	MF	0.117cd	1.894c	0.019 3c	78.6c
W_L	UJ	0.068fg	1.234e	0.029 3a	86.0b
	UT	0.084ef	1.525d	0.024 8b	69.0e
	MF	0.056g	1.025e	0.027 2ab	93.4a
	平均值				
水分水平	W_H	0.116b	2.095a	0.012 1c	68.4b
	W_M	0.143a	2.199a	0.016 4b	65.7b
	W_L	0.069c	1.261b	0.027 1a	82.8a
揭膜处理	UJ	0.102b	1.819b	0.019 6a	76.1b
	UT	0.136a	2.127a	0.015 8b	58.1c
	MF	0.090c	1.609c	0.020 2a	82.7a
	F 检验(P)				
水分水平	W_L	0.000^{**}	0.000^{**}	0.000^{**}	0.000^{**}
覆膜进程	UCP	0.000^{**}	0.000^{**}	0.000^{**}	0.000^{**}
	$W_L \times UCP$	0.199^{NS}	0.690^{NS}	0.187^{NS}	0.009^{**}

注：FW—根鲜重；UCP—覆膜进程/揭膜时期。

3.2.3.2 对叶片光合作用的影响

叶绿素是植物光合作用的重要色素，它在植物光合作用中直接参与光能吸收和能量的转化过程，是光合作用顺利进行的前提，其含量高低直接影响着作物光合作用的光能利用效率，并最终影响作物生长及品质，因此叶绿素已成为评价植物长势的一种重要指标（彭致功等，2006；韦彩会，2009）。由表3-4可知，春玉米叶片叶绿素含量受水分、揭膜影响差异显著，不同揭膜处理间叶绿素含量总体表现出在UT处理下最高，显著高于UJ处理和MF处理，平均叶绿素含量较UJ处理和MF处理分别提高了16.9%和32.2%。另外，叶片叶绿素含量总体表现出 W_H 处理和 W_M 处理均显著高于 W_L 处理，而 W_H 处理和 W_M 处理间差异不显著。经两因素方差分析表明，水分与揭膜的互作效应对春玉米叶片叶绿素含量影响不显著。

3.2.3.3 对渗透调节物质的影响

脯氨酸主要作为植物的渗透调节物质，植物体内脯氨酸含量在一定程度上反映了植物的抗逆性，它的积累对植物适应逆境显得尤为重要。在干旱胁迫条件下，植物体通过大量累积脯氨酸来提高植物组织的持水力，对植物体内的酶和膜有保护作用（Bohnert 等，1996；Delauney A J 和 Verma D P S，1993；高灿红等，2006；彭志红等，2002；阎勇等，2007）。从表3-4的统计结果可知，春玉米叶片脯氨酸含量受水分、揭膜影响差异显著，不同揭膜处理间的叶片脯氨酸含量总体表现出在UT处理下最低，平均叶片脯氨酸含量显著低于UJ处理和MF处理，较UJ处理和MF处理分别降低了19.4%和21.8%，UJ处理和MF处理间差异不显著。另外，叶片脯氨酸含量表现出随着土壤水分的增加而降低的变化趋势，在 W_H 处理时最低，显著低于 W_M 处理和 W_L 处理，平均叶片脯氨酸含量较 W_M 处理和 W_L 处理分别降低了26.2%和55.4%，W_M 处理的平均叶片脯氨酸较 W_L 处理又显著降低了39.5%。经两因素方差分析表明，水分与揭膜的互作效应对春玉米叶片脯氨酸含量影响不显著。

3.2.3.4 对膜脂过氧化作用的影响

丙二醛（MDA）是植物膜脂过氧化作用的主要产物之一，是反映植物衰老的重要指标，其含量的高低在一定程度上能反映植物细胞膜质损伤的程度。因此,长期以来,它一直是检测膜脂过氧化程度的一个公认指标(李萌等,2007;王娟等,2002;朱维琴等,2006)。由表3-4可知,春玉米叶片丙二醛含量受水分、揭膜及其互作效应影响均达显著水平,不同揭膜处理间丙二醛含量总体表现出在UT处理下最低,显著低于UJ处理和MF处理,平均丙二醛含量较UJ处理和MF处理分别降低了23.7%和29.7%。另外,叶片丙二醛含量总体表现为W_M处理时值最小,W_H处理和W_M处理均显著低于W_L处理,而W_H处理和W_M处理间差异不显著。

3.2.4 不同水分条件和覆膜进程对春玉米产量的影响

不同水分条件和覆膜进程对春玉米产量的影响见图3-6。由图3-6可知,在高水(W_H)、中水(W_M)和低水(W_L)条件下,抽雄期揭膜(UT)处理的单株产量均大于全生育期覆膜(MF)处理,且差异显著,而拔节—抽雄期揭膜(UJ)处理与全生育期覆膜(MF)处理均无明显差异;与MF处理相比,UT处理的单株产量在高水(WH)、中水(W_M)和低水(W_L)条件下,分别增加了12.5%、21.7%和31.5%,而UJ处理分别增加了0.3%、1.5%和6.4%。在拔节—抽雄期揭膜(UJ)、抽雄期揭膜(UT)和全生育期覆膜(MF)三个处理下,单株产量均表现为高水(W_H)>中水(W_M)>低水(W_L),且高水(W_H)与中水(W_M)之间差异不大,而高水(W_H)与低水(W_L)之间、中水(W_M)与低水(W_L)之间差异均达显著水平。与W_L处理相比,在UJ处理下,W_H处理和W_M处理的单株产量分别增加了128.3%和107.6%;在UT处理下,W_H处理和W_M处理的单株产量分别增加了107.2%和101.6%;在MF处理下,W_H处理和W_M处理的单株产量分别增加了142.2%和117.7%。由以上结果可知,适时揭膜,尤其是抽雄期揭膜(UT)处理可以显著提高春玉米单株产量,而长期低水(W_L:50% θ_F ~60% θ_F)处理则会造成春玉米大幅减产,但是在水分水平为中水(W_M:60% θ_F ~70% θ_F)基础上,再继续增加灌水量,对春玉米单株产量的提高作用不是很大。

3.2.5 不同水分条件和覆膜进程对春玉米水分利用情况的影响

不同水分和覆膜进程对春玉米水分利用情况的影响见图3-7。由

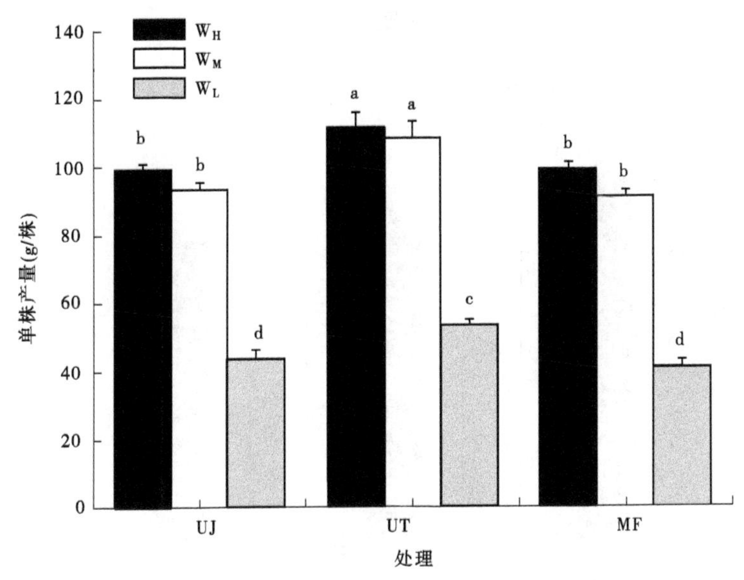

图3-6　不同水分和覆膜进程对春玉米产量的影响

图3-7(a)可知,在耗水方面,当水分条件相同时,三个揭膜处理的耗水量均表现为UJ处理 > UT处理 > MF处理。在高水(W_H)条件下,三者之间的差异均达到显著水平,UJ处理比MF处理增加了21.3%,UT处理比MF处理增加了10.1%,UJ处理比UT处理增加了10.2%;在中水(W_M)和低水(W_L)条件下,UJ处理的耗水量均显著高于UT处理和MF处理,而UT处理和MF处理之间均无明显差异,UJ处理的耗水量在中水(W_M)条件下比UT处理增加了15.3%,比MF处理增加了25.7%,在低水(W_L)条件下,比UT处理增加了33.6%,比MF处理增加了44.1%。当揭膜处理相同时,三个水分处理下的耗水量均表现为W_H处理 > W_M处理 > W_L处理,且三者之间差异都达到了显著水平。在拔节—抽雄期揭膜(UJ)处理下,W_H处理比W_M处理和W_L处理分别增加了27.3%和93.3%,且W_M处理比W_L处理增加了51.8%;在抽雄期揭膜(UT)处理下,W_H处理比W_M处理和W_L处理分别增加了33.2%和134.4%,且W_M处理比W_L处理增加了75.9%;在全生育期覆膜(MF)处理下,W_H处理比W_M处理和W_L处理分别增加了31.9%

和 129.6%，且 W_M 处理比 W_L 处理增加了 74%。

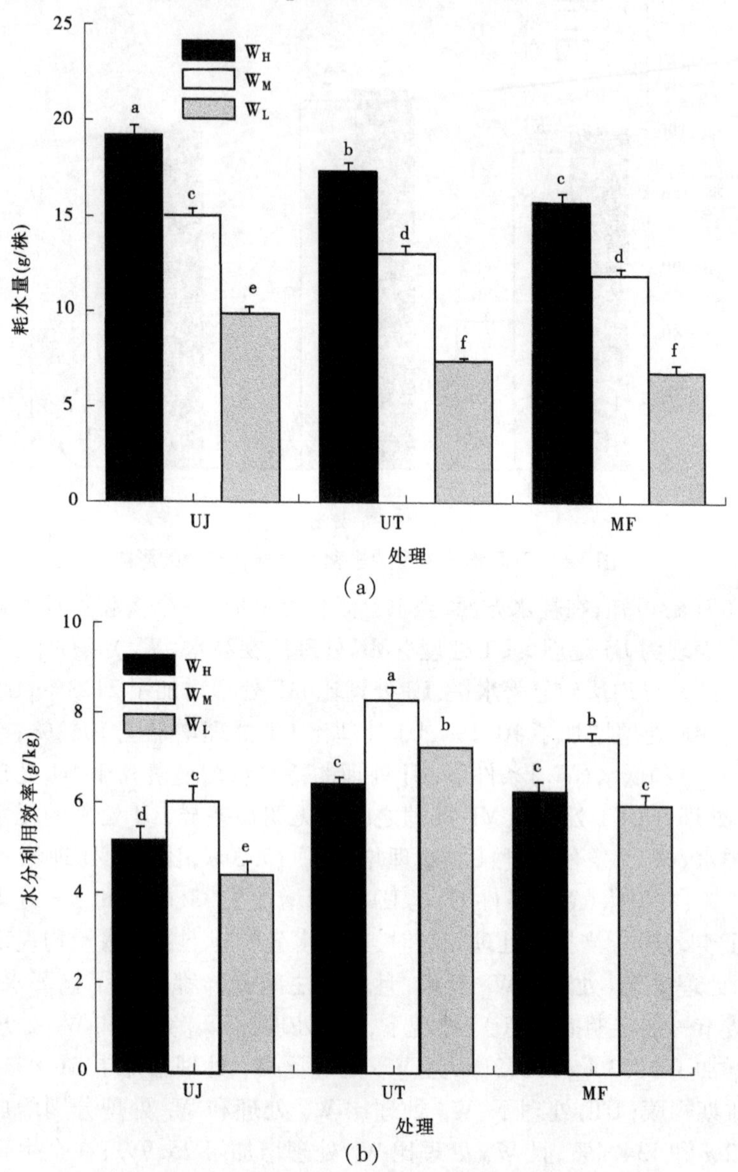

图 3-7　不同水分和覆膜进程对春玉米水分利用情况的影响

在水分利用效率方面，从图 3-7(b)我们可以看出，当水分条件相同时，三个揭膜处理的水分利用效率均表现为 UT 处理 > MF 处理 > UJ 处理。在高水(W_H)条件下，UT 处理与 MF 处理差异不显著，但二者均显著大于 UJ 处理；在中水(W_M)和低水(W_L)条件下，UT 处理、MF 处理和 UJ 处理三者之间的差异均达到显著水平，在中水(W_M)和低水(W_L)条件下，UT 处理的水分利用效率比 MF 处理分别提高了 11.7%和 21.9%，而 UJ 处理的水分利用效率比 MF 处理则分别降低了 19.2%和 26.1%。当揭膜处理相同时，三个水分条件下的水分利用效率均表现为中水(W_M)处理最大，且显著大于 UJ 处理和 MF 处理。在拔节—抽雄期揭膜(UJ)处理下，W_M 处理比 W_H 处理和 W_L 处理分别增加了 15.8%和 36.8%；在抽雄期揭膜(UT)处理下，W_M 处理比 W_H 处理和 W_L 处理分别增加了 29.6%和 14.6%；在全生育期覆膜(MF)处理下，W_M 处理比 W_H 处理和 W_L 处理分别增加了 18.6%和 25.1%。在不同水分和覆膜进程组合处理中，中水条件下抽雄期揭膜(W_MUT)处理的水分利用效率最大，且显著大于其他组合处理。

3.3 讨论与小结

近年来研究表明，对不同覆膜作物在适当的生育时期进行揭膜，能有效改善植物生长情况和光合产物分配，延缓作物早衰，提高作物产量和品质(扶胜兰等，2011；侯晓燕等，2008；肖光顺等，2009；Zeng Z S 等，2009)。本书研究表明，在相同水分条件下，对春玉米在抽雄期进行揭膜处理，对根区土壤有较好的降温效果，且生理生长指标、单株产量和水分利用效率均显著优于全生育期覆膜处理，而在拔节—抽雄期进行揭膜处理，其生理生长指标和单株产量与全生育期覆膜处理之间均无明显差异。这主要是由于在春玉米生长发育前期覆膜，可以发挥覆膜的增温保墒效应，减缓早春的低温、干旱对玉米生长的胁迫；随着植株的生长，尤其是进入抽雄期，是玉米籽粒形成的关键时期，此时在水肥等其他养分条件相同的情况下，植株对氧气的需求量逐渐加大，根际持续性缺氧对植株生理生长指标的影响也就越来越显著，而长期覆膜会使根区土壤温度急剧升高,造成根际土壤通气性变差,从而引起根系的大量死亡和根系活性的下降,使得根系对水分和养分的吸收效率大大降低,抑制植株生长,并随之产生各种相应的胁迫,最终导致产量下降。因此,适时揭膜,改善了根际土壤通气状况,有效降低了根区土壤温度,利于根系生长,增加根系活性,维持较高的根冠比,促进根系对水分和养分的吸收利用,相应地延长了地上部绿时间,增加了光合产物积累,缓解了植株受到的干旱胁迫,延缓了早衰,增加了作物产量。

在本试验条件下水分和覆膜进程组合为 W_MUT 的处理,各生育期茎粗、地下部干物质量和根冠比最大,根系活力和叶片叶绿素含量最高,叶片丙二醛含量最小,玉米各生育期株高、各生育期叶面积、总生物量和地上部干物质量均较大,叶片脯氨酸含量较小,而且这些指标与不同水分和覆膜进程组合处理下的最大(小)值均无显著差异。这表明中水条件下在抽雄期进行揭膜(W_MUT)处理,有利于形成矮、粗、壮的合理株型,控制叶片的旺长;与高水(W_H)处理相比,中水(W_M)处理虽然减少了总生物量和地上部干物质的生产,但适度的水分亏缺促进了根系深扎,增强了根系活性,增加了绝对根重,维持了较高的根冠比,利于生育后期吸收更多的水分和养分,供应植株需要(Efeoglu B 等,2008;康绍忠等,1998),而且伴以抽雄期揭膜透气的条件,由于水分亏缺所引起的干旱胁迫和光合作用的下降也得到了很大程度的缓解,并且延缓了植株衰老过程。另外,W_MUT 处理的单株产量(108.3 g)与最大值(111.2 g)相比,差异不明显,仅下降了 2.6%,其耗水量也显著低于所有高水处理,水分利用效率最大(8.31 g/kg),且显著大于其他组合处理。

综上所述,在本试验条件下,综合考虑水分、揭膜互作对覆膜春玉米生理生长特性、产量及水分利用情况的影响,推荐在中水(W_M:60% θ_F ~70% θ_F)条件下,于抽雄期进行揭膜,能够显著改善覆膜春玉米的生理生长特性,增加作物产量,提高水分利用效率,具有较好的节水增产效果。

第 4 章　施氮量与覆膜进程对覆膜夏玉米生理生长及产量的影响

氮是作物生长必需的首要元素，是植物体内许多重要有机化合物的主要成分之一，也是土壤最为缺乏的营养元素。增施氮肥可以增加绿叶面积，提高叶绿素含量，提高光合速率，延长绿叶功能期，增加产量。但过量施用氮肥，不仅会降低氮肥利用率，而且对周边环境及人体健康还会产生负面影响(师日鹏等，2012)。因此，氮素供应的充分与否和作物氮营养状态的好坏，在很大程度上影响着作物的生长发育、产量和品质。

近年来的生产实践表明，由于地膜覆盖导热性差和不透气的特点，长时间覆盖地膜会使土壤温度过高，通气不良，根系呼吸受阻，造成覆膜作物生长发育中后期出现不同程度的早衰现象，直接影响了作物产量和品质的进一步提高(蒋文昊，2011)。而且研究发现，对不同作物在不同时期进行揭膜，其效果也不尽相同，对覆膜作物在适当的生育时期进行揭膜，能有效降低地表温度，增加根系的透气性和活性，改善光合产物分配，延缓作物早衰，提高作物产量和水氮利用效率，而在不合适的时间揭膜不但促进作用不明显，还有可能产生负效应(Al Assir I A 等，1991)。

由上可知，选择行之有效的覆膜进程及施氮量对完善夏玉米覆膜栽培技术具有现实指导意义。目前，关于覆膜进程和施氮量双因素对覆膜夏玉米生理生长、产量及水分利用效率的影响的研究，尚未见详细报道，鉴于此，本书以覆膜夏玉米为研究对象，通过田间小区试验，研究了不同覆膜进程和施氮水平对夏玉米生理生长指标、产量及水分利用效率的影响，旨在筛选出符合本地区夏玉米生产的覆盖施氮模式，为进一步实现优质、高产、高效、提高土地生产力、可持续发展的旱地节水农业提供理论依据。

4.1　材料与方法

试验于 2012 年 6~10 月在西北农林科技大学旱区农业水土工程教育部重点实验室的灌溉试验站(N 34°20′,E 108°24′,海拔 521 m)进行。试验站地处陕西省关中西部地区,地下水埋深大于 50 m。该区地势北高南低,自渭河向北呈现出河川一级阶地、二级阶地及三级阶地,试验站位于三级阶地即黄土台塬区,最高海拔 530.1 m,最低海拔 403.2 m。年平均气温摄氏 12.9 ℃,日照 2 196 h,无霜期 210 d,年平均降水量 650.2 mm,年均蒸发量 1 500 mm,属大陆性暖温带季风气候。试验地土壤为中壤土,1 m 土层平均田间持水量为 23%~25%,凋萎含水量为 8.5%(以上均为质量含水量),土壤平均体积质量为 1.38 g/cm^3。2012 年播前表层(0~20 cm)基础土壤养分为:有机质质量分数为 11.18 g/kg,全氮为 0.94 g/kg,全磷为 0.60 g/kg,全钾为 14.1 g/kg。其中,硝态氮含量为 76.01 mg/kg,速效磷含量为 25.22 mg/kg,速效钾含量为 131.97 mg/kg,田间持水量为 24%(质量含水量),pH 值为 8.13,土壤体积质量为 1.38 g/cm^3。供试玉米品种为“漯单 9 号”。根据当地生产实际,结合试验田尺寸进行布置,见图 4-1。

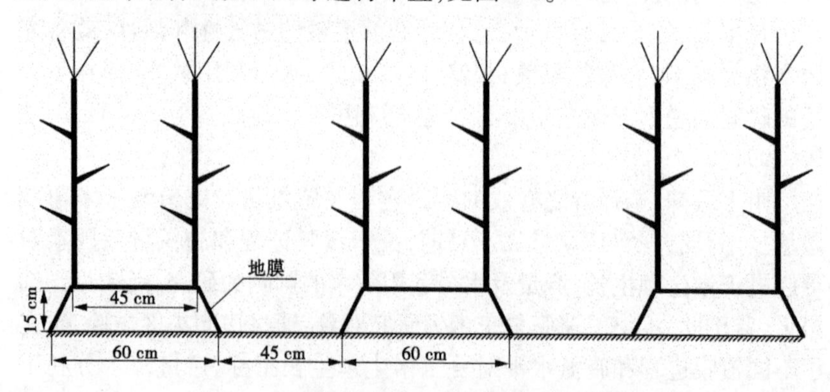

图 4-1　覆膜垄植玉米田间试验布置示意图

4.1.1　试验设计

试验采用大田垄植技术，沟和垄的断面均为梯形。试验布置见图 4-1，垄的下底为 0.60 m，上底为 0.45 m，沟的下底为 0.45 m，上底为 0.60 m，垄高为 0.15 m。试验采用两因素，即氮肥和覆膜进程。氮肥设不施氮（N_Z）、低氮（N_L）和高氮（N_H）3 个水平。覆膜进程分别设拔节—抽雄期揭膜、抽雄期揭膜和全生育期覆膜（mulching plastic film，简称 MF）3 个处理。试验共 9 个处理，每个处理重复 3 次，合计 27 个小区。小区为东西走向，四周开阔，每个小区面积为 13.5 m^2（5 m×2.7 m）。试验为完全随机组合。试验处理组合见表 4-1。

表 4-1　试验处理设计

处理	氮肥水平	覆膜进程				
		苗期	拔节—抽雄期	抽雄期	灌浆期	成熟期
N_Z UJ	N_Z	+	−	+	+	+
N_Z UT		+	+	−	+	+
N_Z MF		+	+	+	+	+
N_L UJ	N_L	+	−	+	+	+
N_L UT		+	+	−	+	+
N_L MF		+	+	+	+	+
N_H UJ	N_H	+	−	+	+	+
N_H UT		+	+	−	+	+
N_H MF		+	+	+	+	+

注：表中“−”表示揭膜，“+”表示覆膜。

4.1.2　田间管理

在播种前 10 d 深翻并平整土地，挖沟起垄，在垄上覆膜，玉米种于垄上垄膜两侧，株距 30 cm，2012 年 6 月 16 日垄上点播，7 月 3 日定苗，10 月 10 日（播种后 116 d）收获。磷肥选用过磷酸钙，施磷量为

150 kg/hm^2 五氧化二磷，作为底肥深翻土地前依次均匀撒施。氮肥选用尿素，分基肥和追肥两次施入。苗期(7 月 4 日)施入 40%，拔节期(8 月 15 日)施入 60%。在本地区已有研究的基础上(张宏等，2011；张明等，2011)，结合试验田实际情况，本试验的三个氮肥水平为：不施氮(N_Z:0 kg/hm^2 纯氮)，低氮(N_L:120 kg/hm^2 纯氮)和高氮(N_H:240 kg/hm^{2}纯氮)。开沟施入尿素，沟深 15 cm 左右，施后覆土，垄上不施。整个生育期内不灌溉。

试验中揭膜一般选在下午 16:00 以后进行，揭膜时将地膜揭起卷好轻拿出到田外，集中放置在一起，以减轻残膜“白色污染”对土壤的危害。揭膜后，及时对植株进行培土。

4.1.3　测定项目与方法

4.1.3.1　土壤水分的测定

于夏玉米播种前和收获后测土壤 0~200 cm 深的土壤含水量，播种后—收获前，每个生育期测土壤 0~100 cm 深的土壤含水量，采用土钻法取土，每个小区取两个测点，各个测点沿土壤深度方向每隔 20 cm 取一个土样，用烘干法测定含水量。

4.1.3.2　土壤温度的测定

采用曲管地温计(HY-1，测温范围-20~+60 ℃，河北省武强海洋仪表厂)，分别埋插于相邻两棵植株的中间，每隔 7 d 左右，对不同处理地下 5 cm、10 cm 、15 cm、20 cm 和 25 cm 处的土层温度进行测定，测定时间为每日 08:00、14:00、18:00，每次连续测定 3~5 d。

4.1.3.3　株高、叶面积和生物量的测定

分别于播后 35 d(苗期)、播后 60 d(拔节期)、播后 75 d(抽雄期)、播后 90 d(灌浆期)和播后 115 d(成熟期)在每个处理选定具有代表性的 5 株玉米，用卷尺测量株高，用长宽系数法计算叶面积。每个处理选取 5 株玉米烘干测量地上部分质量，烘干作物时先把作物放入烘箱 105 ℃杀青 20 min，然后 75 ℃烘至恒定质量再称量。

玉米株高和地上部干物质累积量的增长符合 Logistic 曲线，其基本模型为

$$h = \frac{h_{max}}{1 + a\exp(-bt)} \tag{4-1}$$

$$w = \frac{w_{max}}{1 + a\exp(-bt)} \tag{4-2}$$

式中：h 为玉米株高，cm；w 为单株地上部干物质量，g；h_{max}、w_{max} 为株高、地上部干物质量最大生长潜力，表示了玉米株高、地上部干物质量能达到的最大值；t 为玉米播种后天数，d；a、b 为方程参数。

4.1.3.4　光合的测定

在夏玉米灌浆期，选晴朗天气的上午 09:00~11:00（2012 年 9 月 4 日），用光合仪（LI-6400，美国）测定玉米穗位叶的净光合速率和光合日变化。

4.1.3.5　丙二醛的测定

于 2012 年 9 月 28 日（成熟期），采用硫代巴比妥酸法测定丙二醛（MDA）含量（高俊凤，2005）。

4.1.3.6　产量指标的测定

玉米成熟后取中间两行（宽 0.6 m，长 5 m），人工脱粒测产，并换算成单位面积产量（kg/hm^2），每小区取 12 穗，测定玉米穗部性状特征。

4.1.3.7　相关参数计算公式

土壤含水量的计算公式：

$$\omega(\%) = (\omega_1 - \omega_2)/(\omega_2 - \omega_3) \times 100\% \tag{4-3}$$

式中：ω_1 为湿土和铝盒的质量，g；ω_2 为干土和铝盒的质量，g；ω_3 为空铝盒的质量，g。

土壤水分贮存量计算公式：

$$W = \gamma \times h \times \omega \times 10 \tag{4-4}$$

式中：W 为土壤水分总贮存量，mm；γ 为实测土壤体积质量，g/cm^3；h 为土层厚度，cm；ω 为土壤含水量，%。

由于试验地区地下水埋藏较深，地下水向上补给量可以忽略不计，作物耗水量采用以下方程式计算：

$$ET = P + (W_p - W_h) \tag{4-5}$$

式中：ET 为作物耗水量，mm；P 为作物生育期降水量，mm；W_p 和 W_h 分别为播前和收获时的土壤水分贮存量,mm。

水分利用效率(*WUE*)计算公式:

$$WUE = Y/ET \tag{4-6}$$

式中:*WUE* 为作物水分利用效率,kg/(hm^2 · mm);*Y* 为作物单位面积的籽粒产量,kg/hm^2;*ET* 为作物耗水量,mm。

氮肥农学效率(*NAE*,kg/kg) = (施氮区产量 - 不施氮区产量)/ 施氮量 (4-7)

氮肥偏生产力(*NPFP*,kg/kg) = 施氮区产量 / 施氮量 (4-8)

4.1.4 数据分析

采用 Micrsoft Excel 2003 软件对试验数据进行处理;采用 SAS 软件进行方差分析;采用最小显著极差法(least significant different,LSD)的差异显著性分析,显著性水平 $P \leqslant 0.05$;采用 Micrsoft Excel 2003 和 OriginPro 8 软件进行作图。

4.2 结果与分析

4.2.1 玉米生育期内的气象条件

试验地玉米从播种到收获的整个生育期内的降水量在 2012 年(6 月 16 日至 10 月 10 日)为 432.5 mm(见图 4-2),生育期内降水主要集中在 7~9 三个月,分别为 116.8 mm、166 mm、104.7 mm。根据杨凌气象信息网的杨凌农业气象月报(杨凌气象局,2012)可知,7 月降水总量较历年同期偏多 27 mm;8 月降水总量较历年同期偏多 61.2 mm;9 月降水总量较历年同期偏多 7.8 mm。在 2012 年,试验地玉米从播种到收获的整个生育期(6 月 16 日至 10 月 10 日)内的日平均气温为 22.1 ℃(见图 4-2),变化范围为 14~30.4 ℃;日最高气温 16.3~36.8 ℃,日最低气温 7.5~25.3 ℃。7 月月平均气温为 26 ℃,与历年同期相比偏低 0.1 ℃;8 月月平均气温 24.1 ℃,与历年同期相比偏低 0.7 ℃;9 月月平均气温 18.5 ℃,与历年同期相比偏低 0.9 ℃。

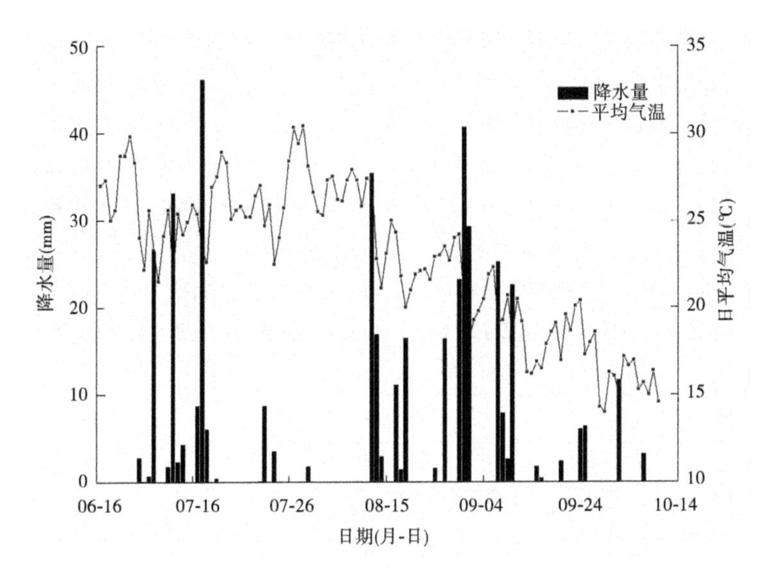

图 4-2　试验地 2012 年玉米生育期内的日平均气温和降水量

4.2.2　土壤温度

不同时期揭膜处理对玉米生育中后期不同土层地温的影响见表 4-2。

表 4-2 中各处理在不同土层的土壤温度为夏玉米生育中后期(播种后 60 d 至收获)多次测定的平均值(播后 73 d:8 月 28 日,播后 83 d:9 月 7 日,播后 93 d:9 月 17 日和播后 103 d:9 月 27 日)。由表 4-2 可知,在玉米生育中后期进行适时揭膜能有效降低土壤温度。各处理在 5 cm 和 10 cm 处土壤温度受外界气温的影响波动明显,在 14:00 时达到最高值,之后又逐渐降低,15 cm、20 cm 和 25 cm 土层各处理08:00 到 18:00 的土壤温度随着时间的推移逐渐升高,并且在 18:00 时温度达到最大值。在本试验中,拔节—抽雄期揭膜(UJ)处理土壤 5 cm、10 cm、15 cm、20 cm 和 25 cm 处的地温与全生育期覆膜(MF)处理相比变化不大;而抽雄期揭膜(UT)处理土壤 5 cm、10 cm、15 cm、20 cm 和 25 cm 处的地温均低于全生育期覆膜(MF)处理,在 14:00 时各土层土壤温度降幅达到最大值,并且随着土壤深度的增加,抽雄期揭膜(UT)处

理的土壤温度的降幅逐渐减小。因此在 14:00 时,与全生育期覆膜(MF)处理相比,抽雄期揭膜(UT)处理在 5 cm 处土壤温度降低了 2.14 ℃,在 10 cm 处土壤温度降低了 1.44 ℃,在 15 cm 处土壤温度降低了 1. 33 ℃,在 20 cm 处土壤温度降低了 1.27 ℃,在 25 cm 处土壤温度降低了 1.08 ℃。从以上结果可以看出,抽雄期揭膜能降低不同土层的土壤温度,可以有效缓解生育后期高温对作物产生的不利影响,而拔节—抽雄期揭膜与全生育期覆膜相比在不同土层的土壤温度变化均不明显。

表 4-2　不同时期揭膜处理对玉米生育中后期不同土层地温的影响

(单位:℃)

土层	时刻	UJ	UT	MF	Δt(MF-UJ)	Δt(MF-UT)
5 cm	08:00	19.51	17.07	19.08	-0.43	2.01
	14:00	26.23	24.21	26.35	0.11	2.14
	18:00	24.43	22.48	24.26	-0.17	1.78
10 cm	08:00	18.38	17.32	18.51	0.13	1.19
	14:00	23.42	22.08	23.52	0.10	1.44
	18:00	23.16	22.05	23.21	0.05	1.16
15 cm	08:00	18.96	18.01	19.12	0.16	1.11
	14:00	22.59	21.50	22.83	0.23	1.33
	18:00	22.88	22.02	23.08	0.19	1.06
20 cm	08:00	18.38	17.27	18.35	-0.02	1.08
	14:00	20.89	19.88	21.15	0.26	1.27
	18:00	21.03	20.26	21.23	0.20	0.97
25 cm	08:00	19.93	18.94	19.98	0.05	1.04
	14:00	21.25	20.30	21.38	0.13	1.08
	18:00	21.68	20.84	21.68	0.00	0.84

玉米生育期不同揭膜处理各层日平均地温如图 4-3 所示,在夏玉

米生育中后期(播种后60 d至收获),抽雄期揭膜处理较全生育期覆膜处理在5 cm处土层的降温效果最为明显,随着土层深度的增加,土壤温度逐渐降低,抽雄期揭膜处理的降温效果也逐渐减弱,抽雄期揭膜处理5 cm土层的地温与全生育期覆膜处理相比,降低了1.98 ℃。而拔节—抽雄期揭膜较全生育期覆膜处理在5 cm、10 cm、15 cm、20 cm和25 cm处地温均无明显变化。

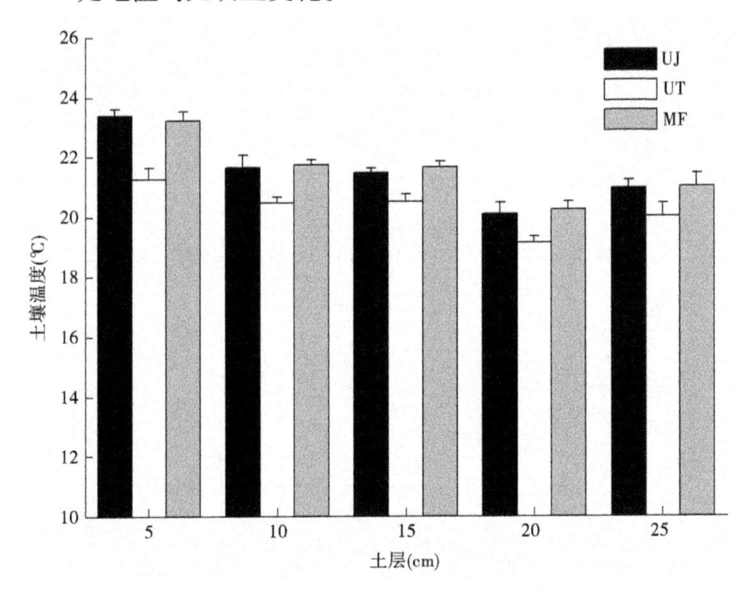

图4-3　玉米生育期不同揭膜处理各层日平均地温

夏玉米生育中后期(播种后60 d至收获)0~25 cm土层地温日变化的测定结果表明(见图4-4),抽雄期揭膜处理的土壤温度在不同土层均低于全生育期覆膜处理,而拔节—抽雄期揭膜处理与全生育期覆膜处理相比无明显变化。从图4-4中我们可以看出,各处理5 cm[见图4-4(a)]和10 cm[见图4-4(b)]处的土壤温度随时间的变化波动较大,呈现出先升高后降低的趋势,并且表层温度峰值都出现在14:00左右,之后峰值随着土壤深度的增加而向后推移;15 cm以下各处理地温随着土层深度的增加变化速率逐渐趋于平缓[见图4-4(a)、(b)、(c)]。

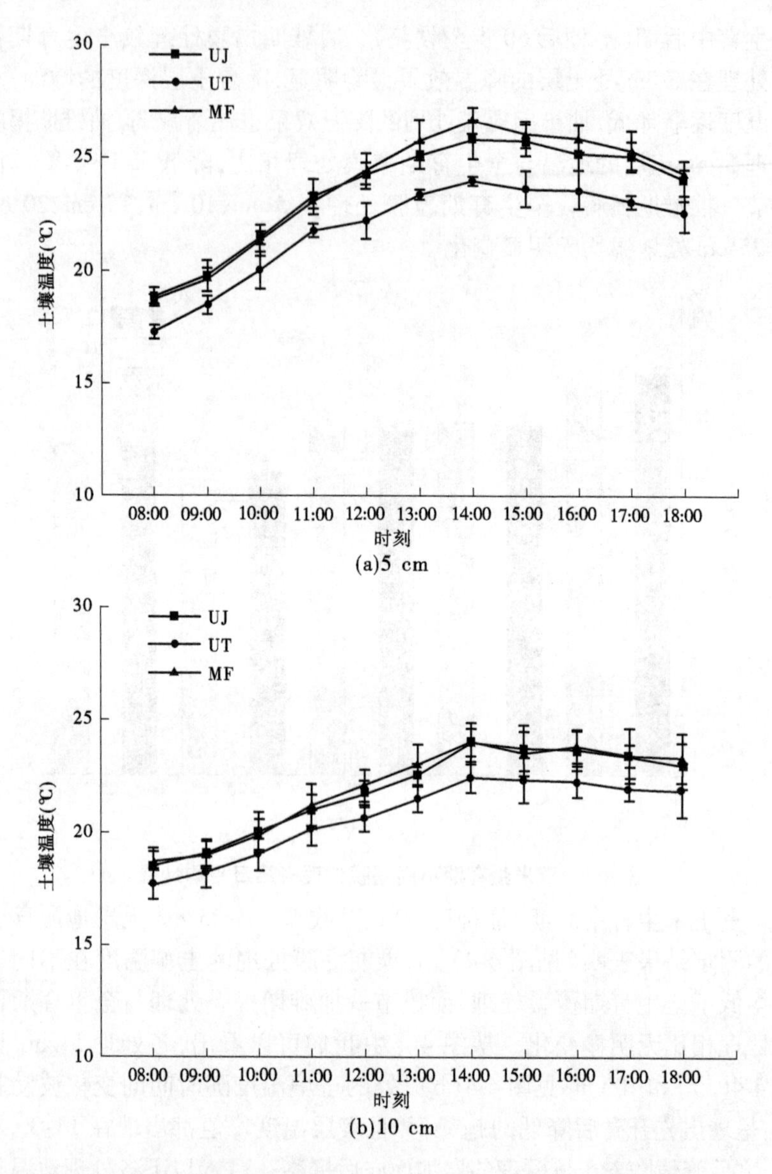

(a)5 cm

(b)10 cm

图 4-4　不同时期揭膜处理玉米生育中后期 0~25 cm 土层地温日变化

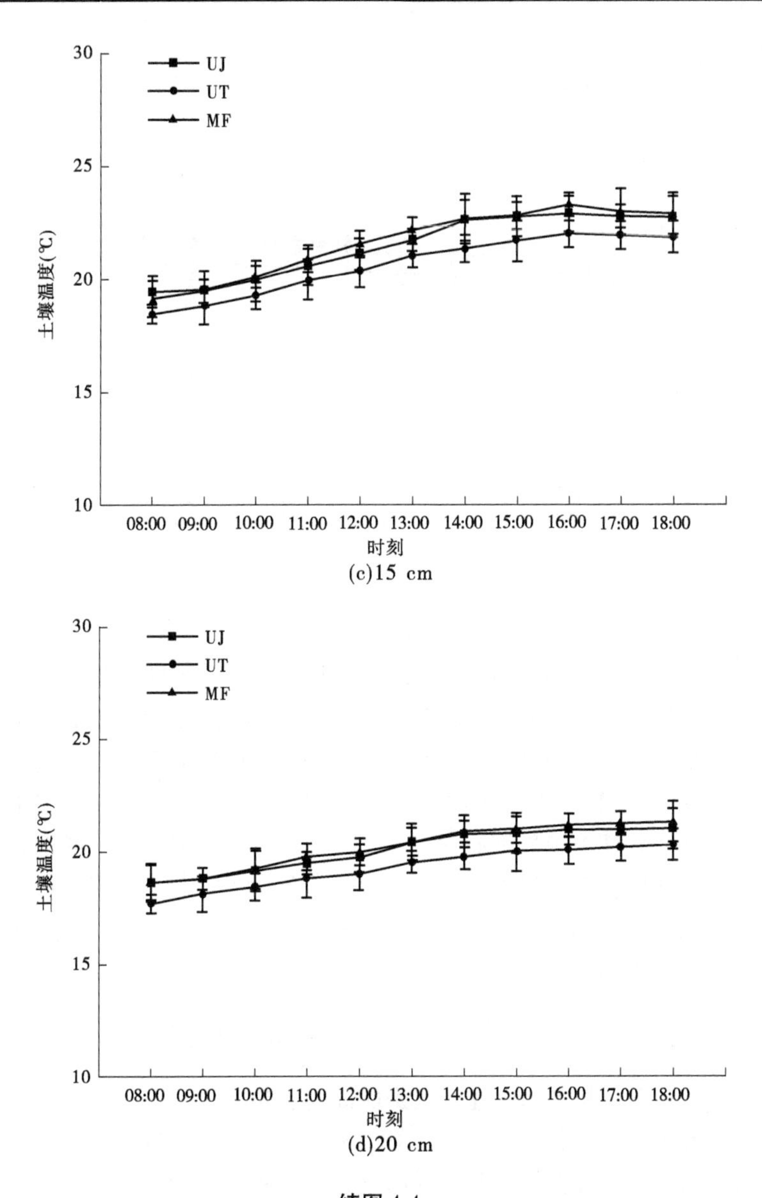
30
25
20
15
10
UJ
UT
MF
土壤温度(℃)
08:00
09:00
10:00
11:00
12:00
13:00
14:00
15:00
16:00
17:00
18:00
时刻
(c)15 cm
30
25
20
15
10
UJ
UT
MF
土壤温度(℃)
08:00
09:00
10:00
11:00
12:00
13:00
14:00
15:00
16:00
17:00
18:00
时刻
(d)20 cm

续图 4-4

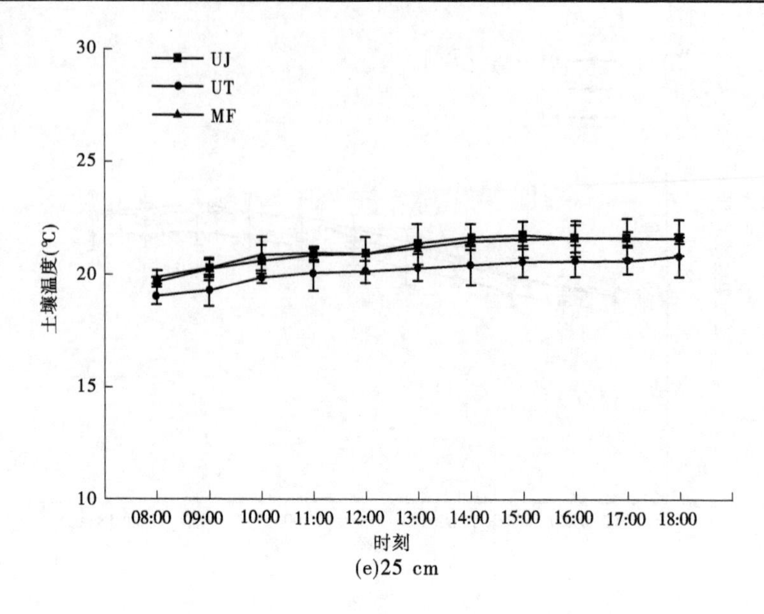

(e)25 cm

续图 4-4

地温日变化的结果表明,0~25 cm 土层平均地温日变化呈现出先升高后降低的趋势,抽雄期揭膜处理的土壤温度升高速度和下降速度均低于全生育期覆膜处理,能够维持一个较适宜的土壤温度。夏玉米生育中后期(播种后 60 d 至收获)抽雄期揭膜处理 0~25 cm 土层平均地温与全生育期覆膜处理相比降低了 1.22 ℃,而拔节—抽雄期揭膜处理与全生育期覆膜处理相比无明显变化,这说明抽雄期揭膜处理能够有效降低玉米生育中后期根区的土壤温度,改善根区通气条件,而拔节—抽雄期揭膜处理降温效果较差。

4.2.3　施氮量与覆膜进程对玉米生长发育的影响

4.2.3.1　施氮量与覆膜进程对玉米株高的影响

株高是玉米生长发育的重要植株性状之一。研究表明,玉米的株高与产量有显著相关性(黄瑞冬和李广权,1995)。不同的生育期,玉米株高的表现具有明显的发育特征,是研究玉米生长状况较理想的模式形状(熊秀珠和刘纪麟,2002;徐洪敏,2010)。由图 4-5 可知,不同施

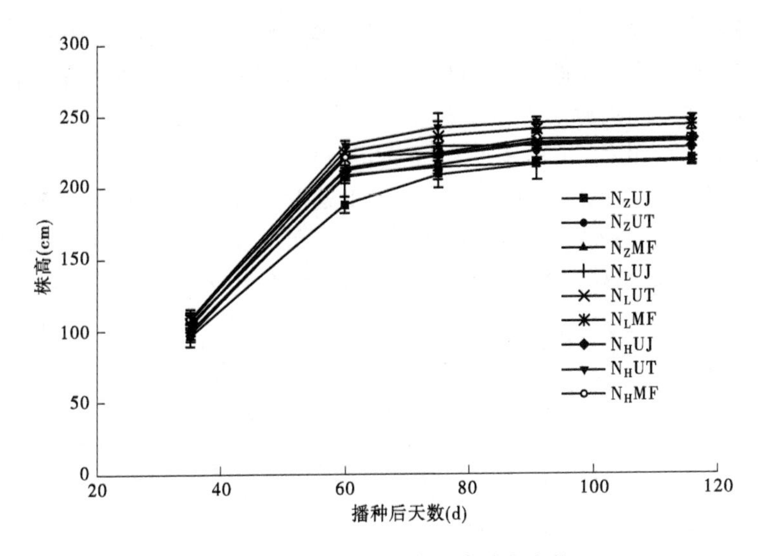

图 4-5　不同处理下玉米株高动态变化

氮和揭膜处理下玉米的株高在生育期内呈现出持续增加的趋势，其中在拔节—抽雄期增长速率最大，从抽雄期开始一直到收获增长速率减缓并趋于平稳。从图 4-5 中我们可以看出，在相同揭膜条件下，整个生育期内施氮（N_H 和 N_L）处理的株高均大于不施氮（N_Z）处理，并且高氮（N_H）和低氮（N_L）处理之间的差异不明显。在相同施氮条件下，拔节期结束时，拔节—抽雄期揭膜（UJ）处理均明显低于覆膜（MF 和 UT）处理，尤其是 N_ZUJ 处理的株高最小；从抽雄期一直到成熟收获，在相同氮肥水平下，均表现为 UT 处理明显大于 UJ 处理和 MF 处理，而 UJ 处理和 MF 处理之间则无明显差异。在整个生育期，N_HUT 处理的株高始终为最大，N_LUT 处理次之，两者之间差异不明显。

4.2.3.2　施氮量与覆膜进程对玉米叶面积的影响

叶片作为玉米生产有机物质的主要器官，其叶面积的大小及光合作用的强弱对玉米生长发育极为重要（李兴等，2007）。本试验结果表明（见图 4-6），苗期到抽雄期是叶片形成和生长的主要时期，在这一阶段不同施氮和揭膜处理下玉米的叶面积呈现出随着生育期的推进而不断增加的趋势，其中在拔节—抽雄期增长速率最大，进入抽雄期后叶面积增长速率减缓，在抽雄期结束时达到峰值，随后开始逐渐下降。统计分析表明,在相同揭膜条件下,整个生育期内施氮(N_H 和 N_L)处理的叶面积均显著大于不施氮(N_Z)处理,并且 N_H 处理和 N_L 处理之间差异不明显。在相同施氮条件下,拔节期结束时,UJ 处理均明显低于覆膜(MF 和 UT)处理,尤其是 N_ZUJ 处理的叶面积值最小;从抽雄期一直到收获,在相同氮肥水平下,均表现为 UT 处理明显大于 UJ 处理和 MF 处理,而 UJ 处理和 MF 处理之间则无明显差异。整体来看,N_HUT 处理的叶面积最大,N_LUT 处理次之,两者之间差异不明显。

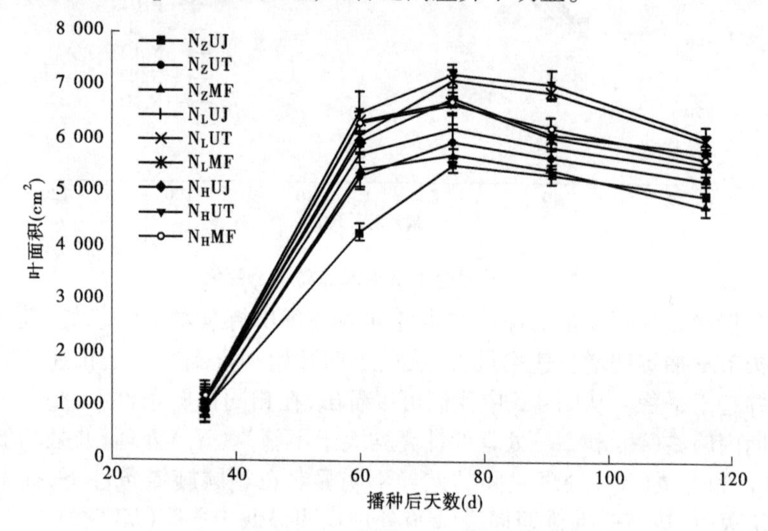

图 4-6　不同处理下玉米叶面积动态变化

4.2.3.3　施氮量与覆膜进程对玉米地上部生物量的影响

干物质生产是形成玉米经济产量的基础,在一定范围内,干物质累积量与产量呈密切正相关(韩金玲等 2008)。因此,研究玉米干物质累积规律对提高产量有着重要意义。不同施氮和揭膜处理下玉米地上部干物质累积动态变化如图 4-7 所示。由图 4-7 可以看出,在相同揭膜条件下,玉米整个生育期内施氮(N_H 和 N_L)处理的地上部干物质累积量均显著大于不施氮(N_Z)处理,但 N_H 处理和 N_L 处理之间差异不明显。在相同氮肥水平下,从抽雄期一直到成熟收获,均表现为 UT 处理明显大于 UJ 处理和 MF 处理,而 UJ 处理和 MF 处理之间则无明显差异。整体来看,N_HUT 处理的地上部干物质累积量最大,N_LUT 处理次

之,两者之间差异不明显。

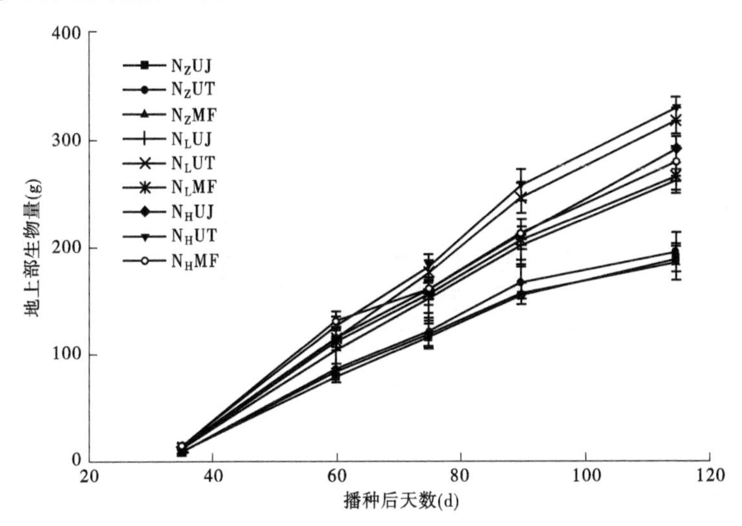

图 4-7　不同处理下玉米地上部生物量动态变化

4.2.3.4　施氮量与覆膜进程处理下玉米株高和生物量积累动态模型分析

从植株的整体情况来看,株高和干物质累积在整个生育期都表现出了“S”形曲线变化的趋势,但是这种描述只适用于生长前期的指数增长过程,而不能用于变化的全过程,为了能够比较准确地分析不同覆膜进程和施氮处理下玉米生长和干物质累积的全过程,我们采用 Logistic 方程分析了不同覆膜进程和施氮处理下玉米生长和干物质累积的增长过程,结果如表 4-3 所示。不同覆膜进程和施氮处理对夏玉米株高和地上部生物量的理论最大值影响不同。施氮(N_H 或 N_L)处理的株高和地上部生物量的理论最大值均显著高于不施氮处理(N_Z),但 N_H 处理和 N_L 处理之间差异不明显;在同等施氮条件下,UT 处理的株高和地上部生物量的理论最大值显著大于 UJ 处理和 MF 处理,但 UJ 处理和 MF 处理之间差异不明显。在所有处理中,N_HUT 处理和 N_LUT 处理的株高和地上部生物量的理论最大值较优,二者之间差异不明显,但显著大于其他处理。

表 4-3　不同覆膜进程和施氮处理下玉米株高和地上部生物量的 Logistic 动态模型

处理	株高（cm）	R^2	地上部生物量（g）	R^2
N_Z UJ	$h=219.1/[1+22.5\exp(-0.082t)]$	0.999**	$w=192.4/[1+97.9\exp(-0.068t)]$	0.998**
N_Z UT	$h=224.8/[1+54.2\exp(-0.107t)]$	0.995**	$w=198.9/[1+109.9\exp(-0.070t)]$	0.996**
N_Z MF	$h=216.9/[1+139.9\exp(-0.136t)]$	0.999**	$w=188.2/[1+101.6\exp(-0.070t)]$	0.996**
N_L UJ	$h=231.3/[1+38.9\exp(-0.099t)]$	0.995**	$w=273.7/[1+80.1\exp(-0.061t)]$	0.992**
N_L UT	$h=241.0/[1+58.6\exp(-0.109t)]$	0.998**	$w=336.0/[1+98.9\exp(-0.063t)]$	0.992**
N_L MF	$h=230.3/[1+116.4\exp(-0.129t)]$	0.999**	$w=276.6/[1+72.7\exp(-0.061t)]$	0.994**
N_H UJ	$h=230.8/[1+48.8\exp(-0.106t)]$	0.995**	$w=318.1/[1+56.9\exp(-0.054t)]$	0.991**
N_H UT	$h=245.4/[1+68.6\exp(-0.113t)]$	0.999**	$w=349.4/[1+86.0\exp(-0.061t)]$	0.998**
N_H MF	$h=231.8/[1+84.4\exp(-0.123t)]$	0.992**	$w=294.6/[1+50.2\exp(-0.056t)]$	0.984**

注：h 为株高；w 为地上部生物量；t 为生育进程，以日为步长；R^2 为决定系数；** 表示 0.01 水平显著相关。

4.2.4　施氮量与覆膜进程对玉米生理特性的影响

4.2.4.1　施氮量与覆膜进程对玉米光合特性的影响

光合作用是绿色植物吸收光能,同化水和二氧化碳,制造有机物并释放氧气的过程,是植物体在生长发育过程中必不可少的一种代谢过程(Marcelis,1989)。由于作物晴天的光合特性较为典型(陈根云等,2006;李邵等,2010),为了研究不同覆膜进程和施氮量对夏玉米光合作用的影响,本书对不同处理下夏玉米灌浆期典型日(2012-09-04)的穗位叶净光合速率进行了分析,结果如图 4-8 所示。在 N_Z 处理下,与 MF 处理相比,UJ 处理和 UT 处理的叶片光合速率分别提高了 15.3%和 40.3%;在 N_L 处理下,与 MF 处理相比,UJ 处理的叶片光合速率减少了 1.9%,而 UT 处理下提高了 18.9%;在 N_H 处理下,与 MF 处理相比,UJ 处理和 UT 处理的叶片光合速率分别提高了 3.3%和 25.7%。可以看出,在 3 种施氮条件下,UT 处理的叶片光合速率均高于 UJ 处理和 MF 处理,且达显著水平($P<0.05$),而 UJ 处理和 MF 处理之间差异不明显($P>0.05$)。

由图 4-8 可知,当揭膜条件相同时,在 UJ 处理下,高氮(N_H)处理和低氮(N_L)处理的叶片光合速率比不施氮(N_Z)处理分别提高了 19.5%和 26.0%;在 UT 处理下,高氮(N_H)处理和低氮(N_L)处理分别提高了 19.6%和 25.6%;在 MF 处理下,高氮(N_H)处理和低氮(N_L)处理分别提高了 33.4%和 48.1%。可以看出,施氮(N_L 或 N_H)处理的叶片光合速率显著高于不施氮(N_Z)处理($P<0.05$);与低氮(N_L)处理相比,高氮(N_H)处理的光合速率有所降低,但两者差异不显著($P>0.05$)。整体来说,所有处理中 N_LUT 处理的叶片净光合速率值最大。

4.2.4.2　施氮量与覆膜进程对玉米叶片衰老的影响

丙二醛(MDA)是植物膜脂过氧化作用的主要产物之一,其含量的高低在一定程度上能反映植物细胞膜质损伤的程度(王亚琴等,2002;梁秋霞等,2006)。试验结果(见图 4-9)表明,与 MF 处理相比,在 N_Z 条件下,UJ 处理的叶片丙二醛含量增加了 4.9%,UT 处理降低了

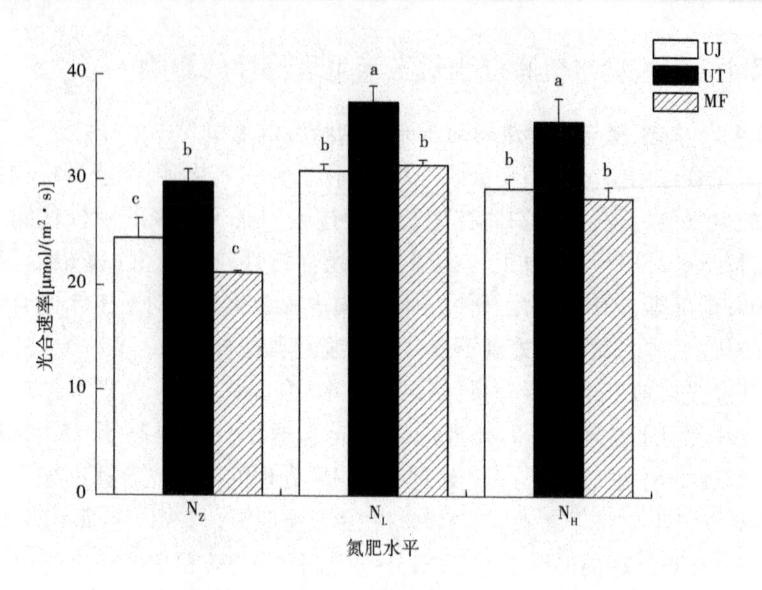

图 4-8 不同覆膜进程和施氮量对夏玉米叶片光合速率的影响

13.4%；在 N_L 条件下，UJ 处理的叶片丙二醛含量增加了 6.2%，而 UT 处理降低了 20.7%；在 N_H 条件下，UJ 处理的叶片丙二醛含量增加了 9.3%，而 UT 处理降低了 14.1%。可以看出，在 3 种施氮条件下，UT 处理的叶片丙二醛含量均低于 UJ 和 MF 处理，且达显著水平（$P<0.05$），而 UJ 处理和 MF 处理之间差异不明显（$P>0.05$）。

揭膜条件相同时，在 UJ 处理下，N_H 处理和 N_L 处理的叶片丙二醛含量比 N_Z 处理分别降低了 13.7%和 18.6%；在 UT 处理下，N_H 处理和 N_L 处理分别降低了 17.9%和 26.4%；在 MF 处理下，N_H 处理和 N_L 处理的叶片丙二醛含量分别降低了 17.2%和 19.6%。可以看出，施氮处理（N_L 或 N_H）的叶片丙二醛含量显著低于 N_Z 处理（$P<0.05$）；与 N_L 处理相比，N_H 处理的叶片丙二醛含量有一定程度的增加，但差异不显著（$P>0.05$）。整体来看，所有处理中 N_LUT 处理的叶片丙二醛含量最低。

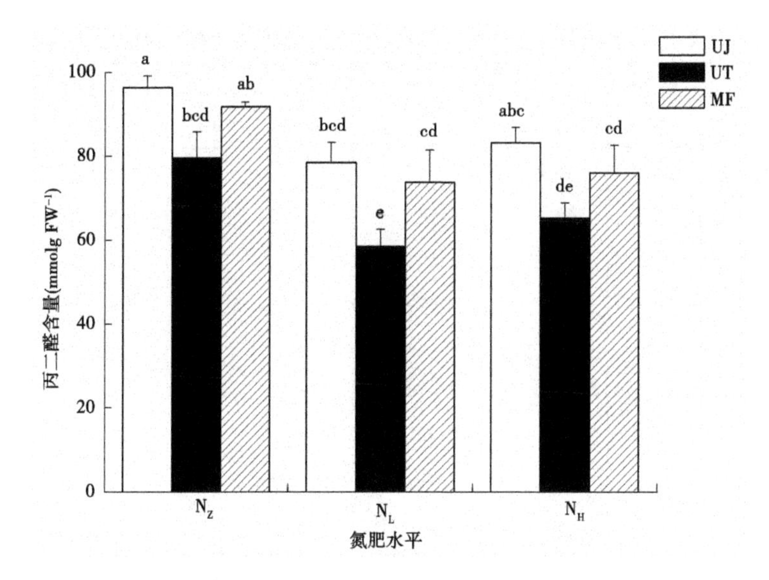

图 4-9　不同覆膜进程和施氮量对夏玉米叶片丙二醛含量的影响

4.2.5　施氮量和覆膜进程对玉米产量及构成要素的影响

不同覆膜进程和施氮处理的夏玉米考种和测产结果见表 4-4。由表 4-4 分析可知,在 3 种施氮条件下,不同揭膜处理之间的穗部性状规律一致,均表现为 UT 处理优于 UJ 处理和 MF 处理,且 UJ 处理和 MF 处理之间差异不明显($P>0.05$)。当覆膜进程相同时, N_L 处理的穗部性状最优, N_H 处理次之, N_Z 处理最差。

与 MF 处理相比,在 N_Z 处理、N_L 处理和 N_H 处理下,UJ 处理的籽粒产量分别提高了 5.1%、1.1%和 0.4%,UT 处理的籽粒产量分别提高了 10.9%、13.4%和 9.4%。可以看出,在 3 种施氮条件下,UT 处理的增产效果优于 UJ 和 MF 处理,且达显著水平($P<0.05$),而 UJ 处理和 MF 处理之间差异不明显($P>0.05$)。

揭膜条件相同时,在 UJ 处理下, N_H 处理和 N_L 处理的籽粒产量比 N_Z 处理分别提高了 11.2%和 13.5%;在 UT 处理下, N_H 处理和 N_L 处理分别提高了 14.9%和 20.7%;在 MF 处理下, N_H 处理和 N_L 处理分别提

表 4-4　不同覆膜进程和施氮量对夏玉米穗部性状和产量的影响

处理	穗长（cm）	穗粗（mm）	穗粒数	百粒重（g）	籽粒产量（kg/hm^2）
N_Z UJ	15.3	45.29	520	28.56	8 925 de
N_Z UT	15.7	45.71	549	28.58	9 416 cd
N_Z MF	15.0	44.21	504	28.06	8 493 e
N_L UJ	16.5	47.72	552	30.58	10 131 bc
N_L UT	17.7	49.12	599	31.59	11 362 a
N_L MF	16.8	46.52	557	29.94	10 020 bc
N_H UJ	16.4	47.48	549	30.12	9 925 c
N_H UT	17.4	48.06	579	31.09	10 817 ab
N_H MF	16.6	47.44	546	30.16	9 883 c

高了 16.4%和 18.0%。可以看出，相同揭膜条件下，夏玉米籽粒产量施氮（N_L 或 N_H）处理显著高于不施氮（N_Z）处理（$P<0.05$），与 N_L 处理相比，N_H 处理的籽粒产量有一定程度的减少，但差异不显著（$P>0.05$）。整体来看，所有处理中 N_LUT 处理的穗部性状和籽粒产量最优。

4.2.6　施氮量与覆膜进程对水氮利用情况的影响

4.2.6.1　施氮量与覆膜进程对玉米水分利用情况的影响

由不同施氮条件下各处理夏玉米生育期耗水量的变化趋势[见图 4-10(a)]可以看出，3 种不同施氮水平条件下，与 MF 处理相比，UJ 处理和 UT 处理并未显著增加夏玉米生育期耗水量（$P>0.05$）。当覆膜进程相同时，施氮处理（N_L 或 N_H）的夏玉米生育期耗水量高于不施氮（N_Z）处理，但差异不明显（$P>0.05$）。

作物水分利用效率是评价节水效果的一项重要指标。由图 4-10(b)可知，与 MF 处理相比，在 N_Z 和 N_L 条件下，UJ 处理的水分利用效率分别提高了 3.7%和 2.6%，而在 N_H 处理下，降低了 4.3%；UT 处理在 3 种施氮条件下依次分别提高了 4.8%、14.6%和 7.0%。可以看出，在 3

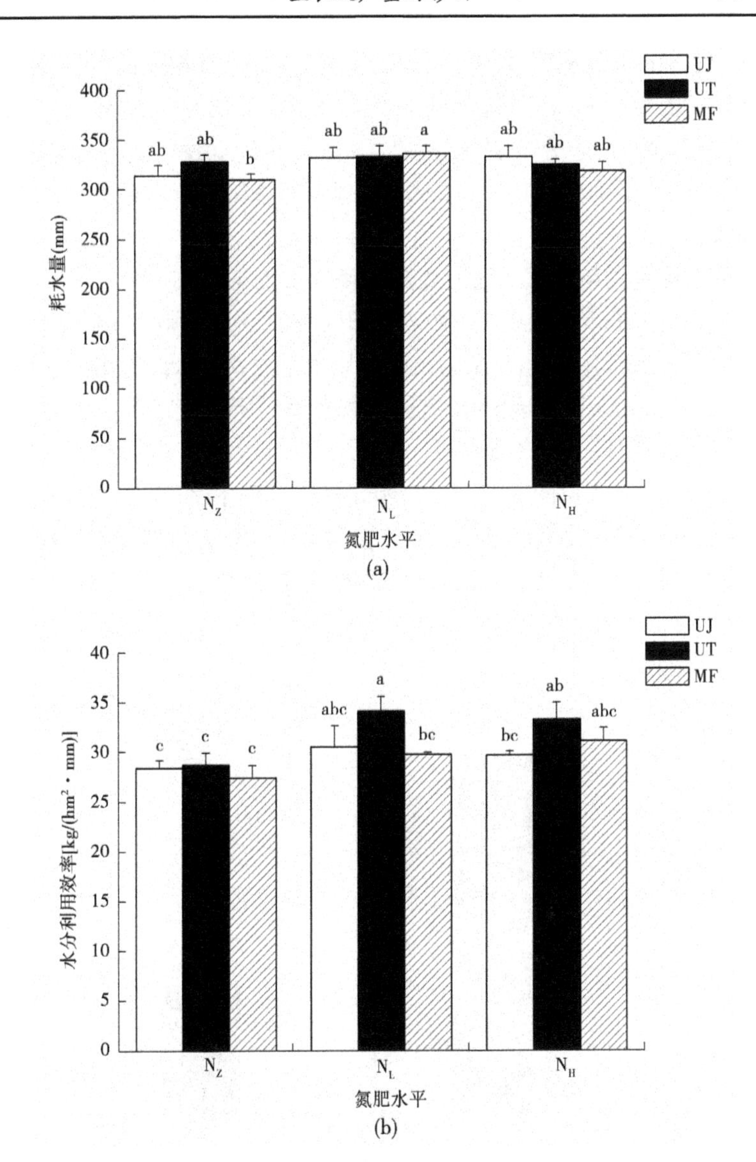

图 4-10　不同覆膜进程和施氮量对夏玉米水分利用的影响

种施氮条件下，UT 处理的水分利用效率均为最优，而 UJ 处理和 MF 处理之间差异不明显（$P>0.05$）。当揭膜条件相同时，在 UJ 处理下，N_H

和 N_L 处理的水分利用效率比 N_Z 处理分别提高了 4.6%和 7.5%；在 UT 处理下，N_H 处理和 N_L 处理分别提高了 15.9%和 18.8%；在 MF 处理下，N_H 处理和 N_L 处理分别提高了 13.4%和 8.6%。由此可见，所有处理中，低氮条件下抽雄期揭膜（N_LUT）处理对夏玉米水分利用效率的贡献率最大。

4.2.6.2　施氮量与覆膜进程对氮肥利用情况的影响

由图 4-11（a）可以看出，氮肥农学效率在 3 个揭膜处理中均以低氮（N_L）处理最高，并且随着施氮量的增加而显著降低；在相同施氮处理中，均表现出 UT 处理>MF 处理>UJ 处理。所有处理中以低氮抽雄期揭膜（N_LUT）处理的氮肥农学效率最大，且显著高于其他处理。就氮肥偏生产力而言［见图 4-11（b）］，相同揭膜处理中，低氮处理显著大于高氮处理；不同的揭膜处理间 UT 处理均为最大，UJ 处理和 MF 处理之间无明显差异。因此，从氮素利用的角度分析，低氮抽雄期揭膜（N_LUT）处理的经济效益和环境效益最高。

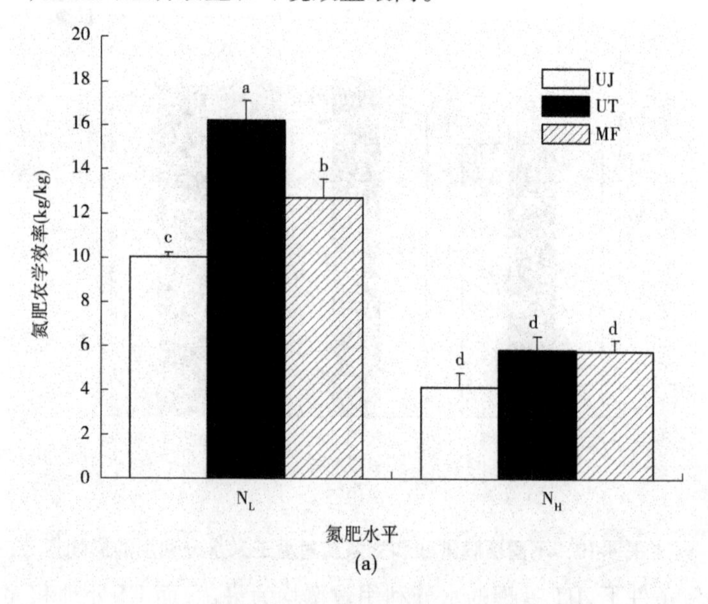

(a)

图 4-11　不同覆膜进程和施氮量对氮肥利用的影响

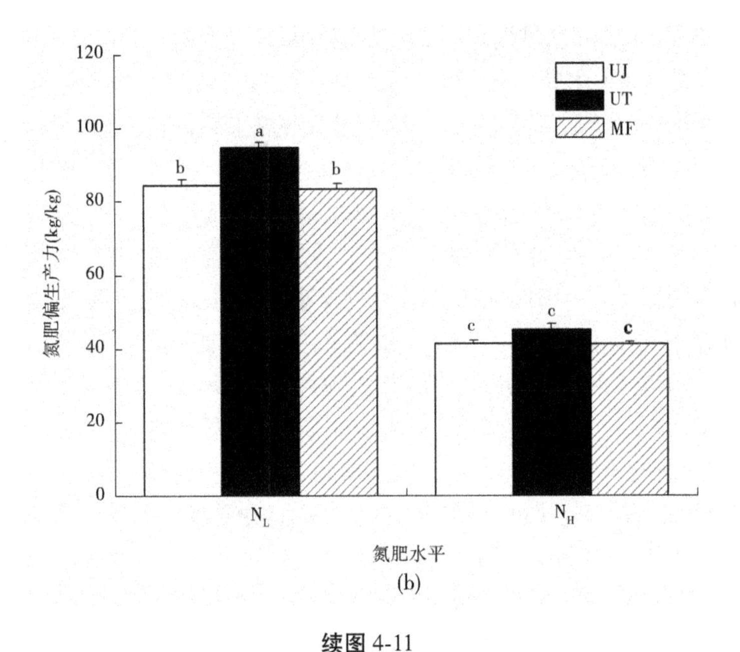

续图 4-11

4.3　讨论与小结

宿俊吉等(2011)对新疆棉田进行揭膜处理研究结果认为,适时揭膜对棉田具有降温作用,适时揭膜的平均土壤温度比全生育期覆膜的平均土壤温度低0.47 ℃。赵鸿(2012)的研究结果表明,播种后65 d揭膜降低了马铃薯生长后期的土壤温度。本试验研究结果与以上研究结果相似,在玉米生育中后期,抽雄期揭膜(UT)处理较全生育期覆膜(MF)处理具有明显的降温效果,尤其是对5 cm和10 cm处的土壤温度影响较大,日变化均呈现先升高后降低的趋势,峰值出现在14:00左右,之后峰值随着土层的深入而向后推移;15 cm以下地温随土层深度的增加变化逐渐趋于平缓。而拔节—抽雄期揭膜(UJ)处理与全生育期覆膜(MF)处理相比在不同土层和时刻均无明显变化,这说明抽雄期揭膜处理能够有效降低玉米生育中后期根区的土壤温度,改善根区通气条件，而拔节—抽雄期揭膜处理降温效果较差。

有关研究（沈新磊等，2003；汪景宽等，1994）表明，长期地膜覆盖会使作物在生长后期养分失调，提前进入正常衰老阶段，导致早衰。本试验研究认为，在 3 种施氮条件下，抽雄期揭膜（UT）处理能够显著提高玉米的株高、叶面积和地上部干物质量；相同揭膜条件下，随着施氮量的增加，株高、叶面积和地上部干物质量均呈现出递增趋势，但当施氮量达到高氮（N_H）时，三项指标的增长速度会减缓，且与低氮（N_L）处理的值相比变化不大。试验中低氮条件下拔节—抽雄期揭膜处理（N_LUJ）在拔节—抽雄期的株高、叶面积和地上部干物质均显著低于其他处理，这主要是因为在拔节—抽雄期降水少、温度高，造成大量水分蒸发，而没有有效的降水补给，造成揭膜处理生长缓慢，此时施氮处理适当地缓解了干旱胁迫，不施氮处理却使作物受到氮肥和干旱的双重胁迫。因此，本书研究结果认为施氮（N_L 或 N_H）处理下抽雄期揭膜能够有效改善夏玉米生长后期的养分状况，显著促进夏玉米的生长发育。

光合作用是作物产量形成的主要机制，光合速率在一定程度上反映光合作用的水平（贾志红等，2009）。本书研究表明，在 3 种施氮条件下，抽雄期揭膜（UT）能显著提高夏玉米的净光合速率，其原因是抽雄期揭膜降低了夏玉米生育后期根区土壤温度，避免了植株气孔因温度过高而关闭，从而延长了叶片光合作用时间；施氮（N_L 或 N_H）处理的叶片光合速率显著高于不施氮（N_Z）处理，但随着施氮量的增加，与低氮（N_L）处理相比，高氮（N_H）处理的光合速率有所减小，这主要是由于适量的氮素提高了叶绿体中有关光合碳同化酶类（如 Rubisco）活性（Evans J R 等，1983；王晓娟等，2012），从而提高了玉米叶片的光合速率，当施氮量达到高氮（N_H）时，玉米对氮肥的吸收属于奢侈吸收，叶片光合作用不再继续增加，而且由于对光合器官造成反馈抑制，还会导致叶片光合速率下降（徐丽娜等，2012）。

MDA 积累是膜结构及功能伤害的一种表现（Halliwell B，1981），是反映植物衰老的重要指标。本试验研究表明，在 3 种施氮条件下，UT 处理的叶片丙二醛含量显著低于 UJ 处理和 MF 处理，而 UJ 处理和 MF

处理之间差异不明显，表明抽雄期揭膜（UT）处理可以显著降低夏玉米叶片膜脂过氧化程度，减轻细胞膜系统结构和功能受损程度，这是由于适时揭膜降低了地表温度，增加了土壤透气性和根系活性，促进了细胞分裂素、赤霉素等激素的合成，相应地延长了地上部绿时间，延缓了植株衰老进程；施氮（N_L 或 N_H）处理的叶片丙二醛含量显著低于不施氮（N_Z）处理，并且与低氮（N_L）处理相比，高氮（N_H）处理下的叶片丙二醛含量有一定程度的增加，这说明在一定范围内，增施氮肥可以延缓夏玉米叶片衰老，减轻膜质过氧化程度，但当施氮量达到高氮（N_H）时，不但不能再继续延缓叶片衰老，减轻膜质过氧化程度，反而在一定程度上加剧叶片的膜质过氧化进程（战秀梅等，2007）。

近年来，通过对不同覆膜作物进行揭膜研究发现，适时揭膜可以显著提高作物产量和水分利用效率（侯晓燕等，2008；赵鸿，2012）。已有研究表明（鱼欢，2009），在一定范围内，籽粒产量和水分利用效率随施氮量的增加而提高，超过一定限度后，再增施氮肥，产量和水氮利用效率不再增加。本书研究表明，在 3 种施氮条件下，对夏玉米在抽雄期进行揭膜处理可获得较优的穗部性状、籽粒产量和水氮利用效率。其中，与全生育期覆膜（MF）处理相比，抽雄期揭膜（UT）处理的籽粒产量和水分利用效率在不施氮（N_Z）、低氮（N_L）和高氮（N_H）条件下，分别提高了 10.9%和 4.8%、13.4%和 14.6%、9.4%和 7.0%，氮肥农学效率和氮肥偏生产力均表现为抽雄期揭膜（UT）处理最大。这主要是由于在夏玉米生育前期，地膜覆盖的增温保墒作用利于作物生长和水分利用，到生育中后期时，尤其是抽雄期，是籽粒形成的关键时期，如果继续覆膜，作物根系发育会受到抑制，影响根系的吸水、吸肥能力，引起水分利用效率下降，从而影响产量。因此，此时进行揭膜处理，能够提高根系活性，促进根系向更广泛的区域发展，有利于玉米根域均衡高效地向植株提供水分和营养物质，从而改善夏玉米的穗部性状，提高籽粒产量和水氮利用效率。试验结果还表明，在抽雄期揭膜处理下，低氮（N_L）处理的穗部性状、籽粒产量和水氮利用效率最优，高氮（N_H）处理次之，不施氮（N_Z）处理最差。与不施氮（N_Z）处理相比，在抽雄期揭膜处理下，高氮

(N_H)处理的籽粒产量和水分利用效率分别提高了14.9%和15.9%,低氮(N_L)处理的籽粒产量和水分利用效率分别提高了20.7%和18.8%,低氮(N_L)处理的氮肥农学效率和偏生产力均显著高于高氮(N_H)处理。这说明适当增施氮肥可增加作物对水分和养分的吸收利用,促进干物质累积及向籽粒转移,进而改善穗部性状,提高产量和水氮利用效率。在本书研究中,结合籽粒产量、耗水量和水分利用效率,我们还发现,本试验条件下抽雄期揭膜在不增加水分消耗的前提下增加了产量,进而提高水分利用效率,也说明在夏玉米生育后期覆膜对提高水分利用效率没有益处。

本书研究结果表明,适宜的氮肥用量(N_L:120 kg/hm^2)能够显著促进覆膜夏玉米植株的生长,增强其水分和养分的供给能力,进而提高产量,这与前人研究结果基本一致(鱼欢,2009)。本试验中,与高氮(N_H)处理相比,低氮(N_L)处理虽然减少了地上部干物质量,但却增加了籽粒产量,这主要是由于过量施用氮肥,碳水化合物和氮素大量在营养器官累积,而不利于向籽粒的转移,造成夏玉米生长过程中库源平衡失调,从而引起产量下降(Marschner H,1995;王淑娟等,2012)。

在本试验中,氮肥和揭膜组合为N_LUT的处理,叶片净光合速率最大,叶片丙二醛含量最小,玉米产量、产量构成要素(穗长、穗粗、穗粒数及百粒重)、水分利用效率、氮肥农学效率和偏生产力最高,玉米株高、叶面积和地上部干物质量均较大,而且这些指标与不同氮肥和揭膜组合处理下的最大值均无显著差异。这说明从产量效应和资源高效利用、环境等综合效应方面考虑,抽雄期揭膜(UT)和施氮量120 kg/hm^2(N_LUT)的覆膜和氮肥组合有较优的节水、减氮和增产效果。

综合考虑揭膜、氮肥互作对玉米生理生长指标、产量和水氮利用效率等因素的影响,在玉米覆膜栽培模式下,抽雄期进行揭膜处理和施氮量120 kg/hm^{2}较为适宜。本试验中揭膜、氮肥对覆膜夏玉米的生理生长指标、产量和水氮利用效率的调控作用均十分显著,而在实际生产中,某一区域适宜的氮肥水平是随地力水平而变的,因此对于适时揭膜的节水增产潜力的研究还是很有必要的。

第 5 章　揭膜玉米健康生长综合评价模型

科学合理的揭膜方案伴以合适的水肥搭配在提高产量的同时，可以不增加或者减少耗水量，降低施氮量，使得水氮利用效率与经济效益大幅提高。然而，玉米揭膜技术对覆膜进程和揭膜时间长短都有比较高的要求，而且在不同的水肥条件下会产生一些互作影响，这给不同水肥条件下最佳的揭膜技术的优选与推广造成一定的影响，所以本书借助先进的数学原理建立合理的揭膜玉米综合评价模型，使其能够包含不同水肥条件和覆膜进程对玉米植株生长、生理、产量、水分利用情况和经济效益的所有影响信息，以便对揭膜方案的综合效益进行科学评价，优选最佳揭膜方案，对指导覆膜玉米生产具有重要意义。

国内外研究者将信息熵理论应用于农业水管理以及其他领域的研究已经取得大量的研究成果（崔宁博，2009；谢恒星，2010；郑健，2009），但对揭膜条件下综合考虑不同覆膜进程、揭膜时间长短和水肥处理对玉米生长生理性状、产量、水分利用效率和经济效益的影响，应用信息熵理论进行揭膜玉米综合效益评价的研究尚无报道。因此，本章通过构建基于信息熵的揭膜玉米综合效益评价模型，优选最佳揭膜方案，旨在筛选出符合本地区覆膜玉米生产的灌水施氮模式，为进一步实现节水、优质、高产、提高土地生产力、可持续发展的旱地节水农业提供理论依据。

5.1　揭膜玉米综合评价层次结构和指标体系的构建

为了客观、准确地对揭膜玉米进行综合评价，遵循整体性、全面性、综合性的原则，从影响揭膜玉米的各要素的内在联系中进行系统分析、考察和评价其经济效益。因此,分三个层次来构建指标体系。第一层次为揭膜玉米综合效益评价;第二层次从植株生长性状、生理性状、产量、水分利用情况和经济效益等五个方面进行研究;第三层选取株高(X_1)、茎粗(X_2)、叶面积(X_3)、地上部生物量(X_4)、光合速率(X_5)、叶片丙二醛(X_6)、百粒重(X_7)、总产量(X_8)、耗水量(X_9)、水分利用效率(X_{10})、毛效益(X_{11})和净效益(X_{12})在内的 12 大指标(见表 5-1)。

表 5-1 揭膜玉米综合评价指标体系

第一层	第二层	第三层
揭膜玉米综合效益评价	生长性状	株高
		茎粗
		叶面积
		地上部生物量
	生理性状	光合速率
		叶片丙二醛
	产量	百粒重
		总产量
	水分利用情况	耗水量
		水分利用效率
	经济效益	毛效益
		净效益

5.2 揭膜玉米综合评价模型的建立

5.2.1 决策特征值矩阵

设多目标决策问题的方案集为 $D=(D_1,D_2,\cdots,D_N)$,目标集为 $G=(G_1,G_2,\cdots,G_M)$,则 n 个方案对 m 个评价指标的决策特征值矩阵(蒋

耿民,2010a,2010b)为

$$X = \begin{bmatrix} x_{11} & x_{12} & \cdots & x_{1n} \\ x_{21} & x_{22} & \cdots & x_{2n} \\ \vdots & \vdots & & \vdots \\ x_{m1} & x_{m2} & \cdots & x_{mn} \end{bmatrix} = (x_{ij}) \quad (i = 1,2,\cdots,m; j = 1,2,\cdots,n) \tag{5-1}$$

5.2.2　相对隶属度矩阵

评价指标中既有效益型指标也有成本型指标,各指标标准化后反映了某个指标在不同处理中的相对重要性,为了避免效益型指标中最小值项、成本型指标中最大值项在极差变换后为 0,对评价指标采用改进的极差变换公式(金荣,2007):

越大越优型　$$r_{ij} = \frac{x_{ij} - x_i^{\min}}{x_i^{\max} - x_i^{\min}} \times \alpha + (1 - \alpha) \tag{5-2}$$

越小越优型　$$r_{ij} = \frac{x_i^{\max} - x_{ij}}{x_i^{\max} - x_i^{\min}} \times \alpha + (1 - \alpha) \tag{5-3}$$

式中:r_{ij} 为方案 j 第 i 个指标最优的相对隶属度;$x_i^{\min}$、$x_i^{\max}$ 分别为所有方案集中指标 i 的最大值和最小值;α 为功效系数,取值范围为(0,1),根据实际情况和模型确定,此处取 $\alpha = 0.99$(郭显光,1998)。

根据隶属度构造将式(5-1)中指标转化为相应的隶属度矩阵:

$$R = \begin{bmatrix} r_{11} & r_{12} & \cdots & r_{1n} \\ r_{21} & r_{22} & \cdots & r_{2n} \\ \vdots & \vdots & & \vdots \\ r_{m1} & r_{m2} & \cdots & r_{mn} \end{bmatrix}_{m \times n} \tag{5-4}$$

5.2.3　最优模糊划分矩阵

式(5-4)中每一行的最大值(理想的优等方案)为

$$r_g = (r_{g1}, r_{g2}, \cdots, r_{gm}) = (\max r_{1i}, \max r_{2i}, \cdots, \max r_{mi}) = (1,1,\cdots,1) \tag{5-5}$$

式(5-4)中每一行的最小值(理想的劣等方案)为

$$r_b = (r_{b1}, r_{b2}, \cdots, r_{bm}) = (\max r_{b1}, \max r_{b2}, \cdots, \max r_{bm}) = (0,0,\cdots,0) \tag{5-6}$$

根据相对隶属度的定义,劣优分别处于参考系统的两极,则任一方案都以一定的隶属度 u_{gi}、u_{bi} 隶属于优等方案或劣等方案,称 u_{gi}、u_{bi} 是方案的优属度和劣属度,从而构成最优模糊划分矩阵:

$$U = \begin{bmatrix} U_{g1} & U_{g2} & \cdots & U_{gn} \\ U_{b1} & U_{b2} & \cdots & U_{bn} \end{bmatrix}_{(2\times n)} \tag{5-7}$$

上式满足:$0 \leqslant u_{gi} \leqslant 1, 0 \leqslant u_{bi} \leqslant 1, u_{gi} + u_{bi} = 1, j = 1,2,\cdots,n$。

5.2.4 模糊评价模型

设评价指标的加权向量为

$$\lambda = (\lambda_1, \lambda_2, \cdots, \lambda_m), \sum \lambda_i = 1 \tag{5-8}$$

根据方案 j 的欧氏加权距优距离平方与欧氏加权距劣距离平方之和达到最小的原则,推求 $P=2$ 时方案 j 对优等方案的相对隶属度 u_{kj} 的最优值(李占军和刁承泰,2008),也就是目标函数称之为

$$\min\{F = u_{gi}^2 \sum [\lambda_i (r_{ij} - r_{gi})]^2 + (1 - u_{gi})^2 \sum [\lambda_i (r_{ij} - r_{bi})]^2\} \tag{5-9}$$

其中,处理 j 的欧氏加权距优距离是

$$S_{gj} = U_{gj} \sqrt{\sum_{i=1}^{m} [\lambda_i (r_{gi} - r_{ij})]^2} \tag{5-10}$$

处理 j 的欧氏加权距劣距离为

$$S_{bj} = U_{bj} \sqrt{\sum_{i=1}^{m} [\lambda_i (r_{ij} - r_{bj})]^2} \tag{5-11}$$

对式(5-11)求导,且令导数为0,得

$$U_{gj} = \sum_{i=1}^{m} [\lambda_i (r_{ij} - r_{bj})]^2 / \{\sum_{i=1}^{m} [\lambda_i (r_{ij} - r_{gi})^2] + \sum_{i=1}^{m} [\lambda_i (r_{ij} - r_{bj})]^2\}$$

$$= \{1 + \sum_{i=1}^{m} [\lambda_i (1 - r_{ij})^2] / \sum_{i=1}^{m} [(\lambda_i r_{ij})^2]\}^{-1} \tag{5-12}$$

式(5-12)即为揭膜玉米综合效益模糊评价模型,其中 u_{kj} 为决策优属度;λ_i 为第 j 个揭膜方案的第 i 个指标的权重,λ_i 需要通过熵权法和专家评分法综合确定。计算不同方案的相对优属度 u_{kj},将其进行排序。U_{gj} 越大,则揭膜方案越接近相对较优方案。

5.2.5　信息熵权重的确定

熵的概念起源于热力学,用来表示任何一种能量在空间分布的均匀程度,能量分布越均匀,熵就越大。1948 年,香农在 *Bell System Technical Journal* 上发表了“通信的数学原理”一文,首次将热力学熵的概念引入信息论中,作为一种度量不确定性方法的重要理论得到了广泛应用。熵值反映了信息无序化程度,其值越小,系统无序度越小,故可用信息熵评价所获系统信息的有序度及其效用,即由评价指标值构成的判断矩阵来确定指标权重,它可以尽量消除各指标权重计算的人为干扰,使得评价结果更符合实际,所以利用信息熵来计算指标的权重可以为多指标综合评价提供重要的客观依据(邱菀华,2002;杨开云等,2007)。

在有 m 个指标,n 个被评价对象的评估问题中,第 i 个指标的熵定义为(张步翀和黄高宝,2008)

$$H_i = -k\sum_{j=1}^{n} f_{ij}\ln f_{ij} \quad (i = 1,2,\cdots,m) \tag{5-13}$$

式中:$f_{ij} = r_{ij}/\sum_{j=1}^{n} r_{ij}$,$k = 1/\ln n$,为使 $\ln f_{ij}$ 有意义,当 $\ln f_{ij} = 0$ 时,根据评价的实际意义,可以理解 $\ln f_{ij}$ 为一较大的数值,与 $\ln f_{ij}$ 相乘趋于 0,故可认为 $f_{ij}\ln f_{ij} = 0$,但当 $\ln f_{ij} = 1$ 时,$f_{ij}\ln f_{ij}$ 也等于 0,这显然与熵所反映的信息无序化程度相悖,不切合实际,故需对其加以修正,并定义为

$$f_{ij} = \frac{1 + r_{ij}}{\sum_{j=1}^{n}(1 + r_{ij})} \tag{5-14}$$

则评价指标的熵权为

$$\omega_{bi} = \frac{1 - H_i}{m - \sum_{i=1}^{m} H_i} \tag{5-15}$$

式中：$0 \leqslant \omega_i \leqslant 1$，$\sum_{i=1}^{m} \omega_i = 1$，$\omega_i$ 为评价指标 i 的信息熵权重。

评价指标的综合权重为信息熵权重（客观权重）与专家法权重（主观权重）的结合。客观权重反映了方案集中具体数据对决策的贡献度，主观权重是由10位相关专家对每层的评价指标给出专家权重，然后将各项指标专家权重进行归一化处理得到的，主观权重体现了专家经验的影响。所以，第 i 个指标的综合权重定义为

$$\varepsilon_i = \omega_i \cdot \omega_{pi} \tag{5-16}$$

式中：ω_{pi} 为评价指标 i 的专家权重；ω_i 为评价指标 i 的信息熵权重，满足：$0 \leqslant \omega_{pi} \leqslant 1, 0 \leqslant \omega_i \leqslant 1, i = 1, 2, \cdots, m$。

5.2.6 多层次多目标系统模糊优选法

设评价系统可以分解为 M 层，最高层称为 M（本章中 $M = 3$）。如果底层（第1层）有 m 个评价指标（本章中 $m = 12$），具体优选法如下：

（1）用式(5-2)或式(5-3)对基本指标矩阵进行标准化处理，获得各指标相对良好的相应隶属度矩阵。

（2）利用熵权系数法对指标 i 分别进行信息熵权重和专家权重计算，并且计算它们的综合权重。

（3）将综合权重和隶属度矩阵相应元素分别代入式(5-12)，分别求得到本层次的相对优属度矩阵，即第二层的基本指标模糊矩阵：

$$U = \begin{bmatrix} 1U_{g1} & 1U_{g2} & \cdots & 1U_{gn} \\ mU_{b1} & mU_{b2} & \cdots & mU_{bn} \end{bmatrix}_{(2 \times n)} \tag{5-17}$$

（4）重复步骤（1）～（3），获得更高一层次的优属度矩阵，直到最高层 M 结束，得到最高层单元系统输出，即决策或方案 j 的优属度向量 U_k：

$$U_k = (U_1, U_2, \cdots, U_n) \tag{5-18}$$

由式(5-18)中优属度向量的大小可判断出不同决策或方案的优劣。

5.3　综合评价模型应用分析

根据2012年盆栽试验和大田试验资料，运用上述基于信息熵理论的多层次多目标模糊评价模型，对其综合效益进行初步分析评价。计算得到各层次决策优属度如表5-2和表5-3所示。

表5-2　第二层次的决策优属度

处理	生长性状	生理性状	产量	水分利用情况	经济效益
W_L UJ	0.086 4	0.097 8	0.052 8	0.008 0	0.037 4
W_L UT	0.112 4	0.126 7	0.101 1	0.768 4	0.176 4
W_L MF	0.093 7	0.014 9	0.053 3	0.243 3	0.042 9
W_M UJ	0.284 1	0.335 1	0.216 6	0.272 8	0.321 7
W_M UT	0.548 3	0.785 3	0.637 1	0.994 0	0.752 6
W_M MF	0.204 6	0.133 7	0.185 3	0.923 7	0.182 5
W_H UJ	0.287 6	0.249 7	0.435 2	0.024 8	0.117 3
W_H UT	0.997 9	0.576 1	0.708 7	0.626 6	0.318 2
W_H MF	0.292 3	0.203 8	0.424 3	0.604 7	0.335 6
N_Z UJ	0.044 0	0.131 4	0.078 7	0.203 4	0.229 3
N_Z UT	0.088 0	0.247 3	0.138 1	0.332 7	0.325 2
N_Z MF	0.037 1	0.180 2	0.046 3	0.224 8	0.384 6
N_L UJ	0.205 1	0.423 8	0.610 3	0.357 6	0.488 7
N_L UT	0.577 1	0.921 4	0.942 1	0.879 0	0.972 8
N_L MF	0.227 4	0.513 3	0.438 9	0.204 3	0.498 2
N_H UJ	0.348 5	0.384 1	0.411 1	0.218 7	0.471 9
N_H UT	0.853 3	0.727 6	0.835 2	0.567 2	0.885 4
N_H MF	0.327 3	0.302 6	0.337 9	0.454 2	0.419 7

表 5-3　揭膜玉米最终目标决策优属度

处理	决策优属度	处理	决策优属度
W_L UJ	0.048 8	N_Z UJ	0.143 2
W_L UT	0.296 3	N_Z UT	0.232 9
W_L MF	0.100 7	N_Z MF	0.180 5
W_M UJ	0.280 4	N_L UJ	0.436 7
W_M UT	0.763 6	N_L UT	0.876 5
W_M MF	0.372 1	N_L MF	0.377 4
W_H UJ	0.211 9	N_H UJ	0.366 8
W_H UT	0.623 4	N_H UT	0.771 2
W_H MF	0.402 3	N_H MF	0.375 8

由揭膜玉米综合效益最终目标决策优属度可以发现(见表 5-3)，不同水分和覆膜进程处理中的 W_MUT、W_HUT、W_HMF 和 W_MMF 处理表现较好，而 W_MUT 处理的决策优属度明显高于其他处理，说明抽雄期揭膜(UT)处理的综合效益显著高于全生育期覆膜(MF)处理和拔节—抽雄期(UJ)揭膜处理，另外，高水(W_H)处理虽然产量和植株生长稍优于中水(W_M)处理，但是耗水量较大，降低了水分利用效率，进而降低了综合效益。因此，W_MUT 处理设置的水分和揭膜方案综合评价效益良好，适宜于在实际生产中推广；不同施氮量和覆膜进程处理中，N_LUT 处理和 N_HUT 处理表现较好，但是 N_LUT 处理的决策优属度高于 N_HUT 处理和其他处理，施加适量的氮肥可以改善植株生长生理性状，增加产量和水分利用效率，提高经济效益，且伴以在抽雄期进行揭膜处理可以取得最优的综合效益。

5.4　讨论与小结

信息熵(information entropy)是由 Shannon 将热力学熵引入信息论而提出的，作为一种度量不确定性方法的重要理论已经得到了广泛应用(Costagli G 等,2003;Lall A 等,2006;李慧伶等,2006;Walker R,2007;周惠成等,2007)。某个指标信息熵越小,表明其指标值的变异程度越大,提供的信息量越大,在综合评价中所起的作用越大,则该指标的权重也应越大;反之,某个指标的信息熵越大,表明其指标值的变异程度越小,提供的信息量越小,在综合评价中所起的作用越小,则该指标的权重也应越小。所以,可以根据各个指标值的变异程度,利用信息熵这一工具,计算各指标的权重,为多准则综合评价提供客观的依据(汤瑞凉等,2000)。

通过对评估矩阵计算得出的信息熵权重,是在给定被评价方案集后各种评价指标值确定的情况下,各指标在竞争意义上的相对激烈程度系数,从信息角度考虑,它代表该指标在评价问题中提供有用信息量的多少,所以利用信息熵来计算指标的权重可为多指标综合评价提供重要的客观依据(Ebel R C 等,2001)。

不同水肥条件下揭膜玉米综合效益的科学评价是建立揭膜玉米生理生长—水分—产量模型的基础,该评价模型涵盖了揭膜对玉米生理生长、产量、水分利用情况与经济效益等多方面信息,其评价结果较其他单指标评价方法具有更为明显的全面性与科学性。

揭膜玉米综合效益评价中权重系数包括主观评价法与客观评价法,这两类方法各有优点,也有各自的不足。揭膜玉米综合评价包括生理生长、产量、水分利用情况与经济效益等多方面信息,由于效益的多样性给综合评价带来一定的困难,因此在综合评价不同揭膜方案综合效益时,既要充分考虑有关专家的意见,又要结合指标的固有特性,采用主观和客观相结合的熵理论方法进行方案效益的综合评价,避免了单纯使用主观法和客观法的缺陷。

综上所述,本书研究从优选玉米最佳揭膜方案出发,基于信息熵理论,利用多层次多目标模糊理论与方法建立了揭膜玉米综合效益多层次多目标模糊评价模型,得到如下结论:

(1)根据 2012 年不同水分和覆膜进程对盆栽春玉米生理生长、产量和水分利用效率的影响的试验资料,考虑各揭膜处理的生理生长、产量、水分利用情况与经济效益等因素,对各揭膜方案的综合效益做了较为全面客观的评价。在同等水分条件下，与全生育期覆膜处理相比，在合适的时期进行揭膜处理能够取得较优的综合效益，中水条件下抽雄期揭膜（W_MUT）处理的最终综合效益较高，高水条件下抽雄期揭膜（W_HUT）处理的次之。

（2）根据2012年不同施氮量和覆膜进程对大田夏玉米生理生长、产量和水分利用效率的影响的试验资料，考虑各揭膜处理的生理生长、产量、水分利用情况与经济效益等因素，对各揭膜方案综合效益做了较为全面、客观的评价，低氮条件下抽雄期揭膜（N_LUT）处理最终综合效益较高，高氮条件下抽雄期揭膜（N_HUT）处理次之。

（3）在模糊综合评价中，权重的确定对评价结果具有显著影响。以信息熵权法和专家法为基础，形成综合权重，可以弥补客观法和主观法的不足，提高权重的可靠程度，增加评价结果的准确度。

第 6 章　结论与讨论

6.1　主要结论

针对长期覆盖地膜不利于作物生长发育，降低作物产量和农业生产中的水肥利用效率偏低的现实，本书以覆膜玉米为研究对象，以利用不同水氮条件下揭膜改善其生理生长性状，提高产量和水分利用效率为核心，以建立节水减氮、稳产高产型最优揭膜模式为目标，通过盆栽试验与小区试验相结合的方法，研究了不同水氮条件下揭膜对玉米根区土壤温度、根系生长状况、根冠关系、营养生长与生殖生长的调控机制、作物群体产量、生理特性和水分利用效率等的影响，分析了不同水氮条件下揭膜处理对覆膜玉米生理生长、产量、水分利用效率和经济效益的影响，利用主成分分析法分析了不同水分和揭膜处理对玉米的促根作用，利用熵权法和模糊评判理论构建了基于信息熵理论的揭膜玉米健康生长综合评价体系，提出了适合玉米的揭膜模式。初步取得了以下几方面的主要成果：

(1)采用盆栽试验，通过主成分分析法对 3 种覆膜方式(拔节—抽雄期揭膜、抽雄期揭膜和全生育期覆膜)在不同水分条件[W_H:(65% ~ 80%)θ_F、W_L:(50% ~65%)θ_F]下对玉米根系生长状况的影响进行了评价分析，结合产量和水分利用效率，得到了基于根系—产量—水分响应关系的覆膜夏玉米节水增产的水分条件和地膜覆盖模式。

本研究发现在高水条件下(65% θ_F ~80% θ_F)，对覆膜夏玉米在抽雄期进行揭膜处理，由根重、根径、根长、根表面积和根体积等多个指标共同体现的根系生长状况的综合主成分最高，单株籽粒产量最大(111.27 g/株)比高水全生育期覆膜和低水全生育期覆膜分别提高了 12.5% 和 52.7%，水分利用效率(8.28 g/kg)分别提高了 9.2% 和

12.3%,与传统覆膜方式相比,具有较优的节水增产效果。

(2)采用盆栽试验,研究了3种覆膜方式(拔节—抽雄期揭膜、抽雄期揭膜和全生育期覆膜)在不同水分条件[W_H:(70% ~80%)θ_F、W_M:(60% ~70%)θ_F、W_L:(50% ~60%)θ_F]下对春玉米生理生长、产量和水分利用效率的影响,提出了适宜覆膜春玉米节水增产的水分条件和地膜覆盖模式。

在本试验条件下中水抽雄期揭膜处理生育中后期茎粗、地下部干物质量和根冠比最大,根系活力和叶片叶绿素含量最高,叶片丙二醛含量最小,玉米生育中后期株高、叶面积、总生物量和地上部干物质量均较大,叶片脯氨酸含量较小,而且这些指标与不同水分和覆膜进程组合处理下的最大(小)值均无显著差异。另外,中水抽雄期揭膜处理的单株产量(108.3 g/株)与最大值(高水抽雄期揭膜:111.2 g/株)相比,差异不明显,仅下降了2.7%,其耗水量也显著低于所有高水处理,水分利用效率最大(8.31 g/kg),且显著大于其他组合处理。

(3)采用大田试验,研究了3种覆膜方式(拔节—抽雄期揭膜、抽雄期揭膜和全生育期覆膜)在不同施氮水平(N_H:240 kg/hm^{2}纯氮、N_L:120 kg/hm^{2}纯氮、N_Z:0 kg/hm^{2}纯氮)下对夏玉米生理生长、产量和水氮利用效率的影响,提出了适宜覆膜夏玉米生产的较优的覆盖施氮模式。

低氮抽雄期揭膜处理叶片净光合速率最大,叶片丙二醛含量最小。玉米株高、叶面积和地上部干物质量均较大,且与不同氮肥和揭膜组合处理下的最大值均无显著差异。与全生育期覆膜处理相比,抽雄期揭膜处理的籽粒产量和水分利用效率在不施氮、低氮和高氮条件下,分别提高了10.9%和4.8%、13.4%和14.6%、9.4%和7.0%,氮肥农学效率和氮肥偏生产力均表现为抽雄期揭膜处理最大。在抽雄期揭膜条件下,低氮处理的穗部性状、籽粒产量和水氮利用效率最优,高氮处理次之,不施氮处理最差。与不施氮处理相比,在抽雄期揭膜处理下,高氮处理的籽粒产量和水分利用效率分别提高了14.9%和15.9%,低氮处理分别提高了20.7%和18.8%,低氮处理的氮肥农学效率和偏生产力均显著高于高氮处理。从产量效应和资源高效利用、环境等综合效应方面考虑,低氮抽雄期揭膜(施氮量为120 kg/hm^{2}纯氮,抽雄期揭膜)

处理为覆膜夏玉米最佳的覆膜和氮肥组合。

(4)分析盆栽与大田条件下3种覆膜方式(拔节—抽雄期揭膜、抽雄期揭膜和全生育期覆膜)对玉米根区不同深度土壤温度的影响。发现与全生育期覆膜相比,抽雄期揭膜处理可以降低玉米生育中后期不同土层的土壤温度,而拔节—抽雄期揭膜在不同土层的土壤温度变化均不明显。生育中后期不同土层土壤温度的日变化均呈先升高后降低的趋势,地温峰值随着土层深度的增加而向后推移。而且,随着土层深度的增加,土壤温度逐渐降低,抽雄期揭膜处理的降温效果也逐渐减弱。

(5)根据盆栽和大田试验资料,从优选揭膜玉米最佳揭膜方案出发,构建了评价揭膜玉米综合效益的多层次指标体系。利用多层次多目标模糊理论与方法,建立了揭膜玉米综合效益多层次多目标模糊评价模型。运用该模型对不同水肥条件下的揭膜方案综合效益进行评价,结果表明,不同水分和覆膜进程组合中,中水抽雄期揭膜处理的最终综合效益最理想;不同施氮量和覆膜进程组合中,低氮抽雄期揭膜处理最终综合效益最高,所得结果符合生产实际情况。因此,基于信息熵理论的揭膜方案综合效益模糊评价模型可为玉米最佳揭膜方案提供较为可靠的技术指导。

6.2　主要创新点

(1)应用主成分分析法对不同水分条件和覆膜进程组合下玉米根系的生长状况进行评价分析,结合产量和水分利用效率,得到了基于根系—产量—水分响应关系的覆膜夏玉米节水增产的水分条件和地膜覆盖模式。

(2)提出了覆膜春玉米节水增产的最佳水分揭膜组合。

(3)提出了适宜覆膜夏玉米生产的最佳覆膜施氮模式。

(4)基于信息熵理论构建了评价玉米揭膜方案综合效益的多层次指标体系,结合专家法的主观权重获得了模型各层评价指标综合权重,利用多层次多目标模糊理论与方法建立了揭膜玉米综合效益多层次多目标模糊评价模型。

6.3 存在问题与建议

(1)本书研究中的大田试验不可避免地受到试验期间气温、降水水平等气象因子以及地力水平的影响,试验缺少年际间的重复,所得试验结论有一定的局限性。

(2)本书研究仅局限于在玉米不同生育期实施单阶段揭膜处理,多阶段揭膜对玉米产量和水氮利用情况的影响还需进一步的研究。

(3)我们的工作只是有关不同水肥条件下揭膜后土壤的水温效应及其植株方面的部分增产机制,而揭膜以后,土壤微生态环境、土壤微生物活动和土壤酶活性、土壤碳氮的储存与释放等的影响还未涉及,有待进一步试验研究。

参考文献

[1] 毕继业,王秀芬,朱道林. 地膜覆盖对农作物产量的影响[J]. 农业工程学报,2001,24(11):172-175.

[2] 蔡焕杰,邵光成,张振华. 荒漠气候区膜下滴灌棉花需水量和灌溉制度的试验研究[J]. 水利学报,2002(11):119-123.

[3] 崔宁博. 西北半干旱区梨枣树水分高效利用机制与最优调亏灌溉模式研究[D]. 杨凌:西北农林科技大学,2009.

[4] 崔振岭,陈新平,张福锁,等. 华北平原冬小麦/夏玉米轮作体系土壤硝态氮的适宜含量[J]. 应用生态学报,2007,18(10):2227-2232.

[5] 陈根云,俞冠路,陈悦,等. 光合作用对光和二氧化碳响应的观测方法探讨[J]. 植物生理与分子生物学学报,2006,32(6):691-696.

[6] 陈晓远,高志红,刘晓英,等. 水分胁迫对冬小麦根、冠生长关系及产量的影响[J]. 作物学报,2004,30(7):723-728.

[7] 陈新明,Jay Dhungel,Surya Bhattarai,等. 加氧灌溉对菠萝根区土壤呼吸和生理特性的影响[J]. 排灌机械工程学报,2010,28(6):543-547.

[8] 程国平,安兴智,和盛,等. 氮肥对黔兴201植株性状和产量的影响[J]. 种子,2008,27(4):55-56.

[9] 程俊珊. 渭源地区旱地玉米覆膜种植增温效应及高产增效研究初报[J]. 干旱地区农业研究,2006,24(1):39-42.

[10] 戴明宏,陶洪斌,王利纳,等. 不同氮肥管理对春玉米干物质生产、分配及转运的影响[J]. 华北农学报,2008,23(1):154-157.

[11] 戴忠民. 氮素代谢对小麦生理特性的影响研究进展[J]. 河南农业科学,2008,7:10-13.

[12] 杜延军,李自珍,李凤民. 半干旱黄土高原地区地膜覆盖和底墒对春小麦生长及产量的影响[J]. 西北植物学报,2004,24(3):404-411.

[13] 段爱旺,肖俊夫. 控制交替沟灌中灌水控制下限对玉米叶片水分利用效率的影响[J]. 作物学报,1999,25(6):766-771.

[14] 段巍巍,李慧玲,肖凯,等. 氮肥对玉米穗位叶光合作用及其生理生化特性的

影响[J]. 华北农学报,2007,22(1):26-29.
[15] 房江育,张仁陟. 无机营养和水分胁迫对春小麦叶绿素丙二醛含量等的影响及其相关性[J]. 甘肃农业大学学报,2001,36(1):89-94.
[16] 冯广龙,刘昌明. 人工控制土壤水分剖面调控根系分布的研究[J]. 地理学报,1997,52(5):461-469.
[17] 扶胜兰,高致明,张红瑞,等. 不同揭膜方式对丹参产量与品质的影响[J]. 河南农业科学,2011,40(2):128-130.
[18] 高灿红,胡晋,郑昀晔,等. 玉米幼苗抗氧化酶活性、脯氨酸含量变化及与其耐寒性的关系[J]. 应用生态学报,2006,17(6):1045-1050.
[19] 高俊凤. 植物生理学实验指导[M]. 北京:高等教育出版社,2005.
[20] 高丽,李红岭,王铁臣,等. 水氮耦合对日光温室黄瓜根系生长的影响[J]. 农业工程学报,2012,28(8):58-63.
[21] 龚元石,李保国. 华北平原节水农业应用基础研究战略[C]//农业应用基础研究进展. 北京:中国农业出版社,1995:1-6.
[22] 关迎春,安福全,赵菊,等. 氮素对玉米生理特性的影响[J]. 现代化农业,2007,3:14-16.
[23] 郭安红,魏虹,李凤民,等. 土壤水分亏缺对春小麦根系干物质累积和分配的影响[J]. 生态学报,1999(2):179-184.
[24] 郭大勇,黄思光,王俊,等. 半干旱地区地膜覆盖和施氮对春小麦生育进程和干物质积累的影响[J]. 西北农林科技大学学报:自然科学版,2003,31(2):76-79.
[25] 郭显光. 改进的熵值法及其在经济效益评价中的应用[J]. 系统工程理论与实践,1998(12):98-102.
[26] 郭相平,康绍忠,索丽生. 苗期调亏处理对玉米根系生长影响的试验研究[J]. 灌溉排水,2001,20(1):25-27.
[27] 韩金玲,李彦生,杨晴. 不同种植密度下春玉米干物质积累、分配和转移规律研究[J]. 玉米科学,2008,16(5):115-119.
[28] 郝树荣,郭相平,王为木,等. 胁迫后复水对水稻叶面积的补偿效应[J]. 灌溉排水学报,2005,24(4):18-21.
[29] 郝玉兰,潘金豹,张秋芝,等. 不同生育期水分胁迫对玉米叶片 CAT 和 MDA 的影响[J]. 北京农学院学报,2003,18(3):178-180.
[30] 何萍,金继运,林葆. 氮肥用量对春玉米叶片衰老的影响及其机理研究[J]. 中国农业科学,1998,31(3):66-71.

[31] 贺润喜,王玉国,赵金鱼.不同生育期揭膜对旱地地膜覆盖玉米生理性状和产量的影响[J].山西农业大学学报,1999,19(1):16-18.
[32] 侯维东,徐念榕.井灌节水项目综合评价模型及其应用[J].河海大学学报,2000,28(3):90-94.
[33] 侯晓燕,王凤新,康绍忠,等.西北旱区民勤绿洲滴灌马铃薯揭膜效应研究[J].干旱地区农业研究,2008,26(4):88-92.
[34] 胡小平,王长发.SAS 基础及统计实例教程[M].西安:西安地图出版社,2001.
[35] 胡笑涛,梁宗锁,康绍忠,等.模拟调亏灌溉对玉米根系生长及水分利用效率的影响[J].灌溉排水,1998,17(2):11-15.
[36] 胡兴波,曹敏建,塚田利夫,等.不同耕作措施对土壤含水量及玉米出苗率的影响[J].玉米科学,2003,11(3):60-62.
[37] 黄瑞冬,李广权.玉米株高整齐度及其测定方法的比较[J].玉米科学,1995,3(2):61-63.
[38] 贾志红,易建华,孙在军.不同覆盖物对烤烟根温及生长和生理特性的影响[J].应用生态学报,2009,17(11):2075-2077.
[39] 蒋耿民.淤地坝坝系布设方案多层次模糊综合评判研究[J].人民黄河,2010,32(8):92-95.
[40] 蒋耿民.小流域淤地坝坝系工程总体布局综合评价指标体系及模型研究[D].杨凌:西北农林科技大学,2010.
[41] 蒋文昊.不同灌水量对起垄覆膜烤烟生长发育及其产量影响的研究[D].杨凌:西北农林科技大学,2011.
[42] 金荣.基于熵权多目标决策的保障性评价方法研究[J].空军工程大学学报:自然科学版,2007,8:56-59.
[43] 康绍忠,史文娟,胡笑涛,等.调亏灌溉对玉米生理指标及水分利用效率的影响[J].农业工程学报,1998(4):82-87.
[44] 康绍忠,潘英华,石培泽,等.控制性作物根系分区交替灌溉的理论与试验[J].水利学报,2001,11:80-86.
[45] 康绍忠.农业节水与水资源领域的科技发展态势及重大热点问题[J].农业工程学报,2003(19):24-32.
[46] 康绍忠,胡笑涛,蔡焕杰,等.现代农业与生态节水的理论创新及研究重点[J].水利学报,2004(12):1-7.
[47] 李凤民,王俊,郭安红.供水方式对春小麦根源信号和水分利用效率的影响

[J]. 水利学报,2003,1:23-27.

[48] 李凤民,王俊,李世清,等. 地膜覆盖导致春小麦产量下降的机理[J]. 中国农业科学,2001,34(3):330-333.

[49] 李慧伶,王修贵,崔远来,等. 灌区运行状况综合评价的方法研究[J]. 水科学进展,2006,17(4):544-449.

[50] 李宏伟,王淑霞,李滨,等. 早衰和正常小麦近等基因系旗叶光合特性与产量比较研究[J]. 作物学报,2006,32(11):1649-1655.

[51] 李萌,田霄鸿,李生秀. 花期前后不同干旱过程对玉米抗旱生理反应的影响[J]. 干旱地区农业研究,2007,25(6):26-30.

[52] 李生秀,李世清,高亚军,等. 施用氮肥对提高旱地作物利用土壤水分的作用激励和效果[J]. 干旱地区农业研究,1994,12(1):39-46.

[53] 李世清,李凤民,宋秋华,等. 半干旱地区地膜覆盖对作物产量和氮效率的影响[J]. 应用生态学报,2001,12(2):205-209.

[54] 李邵,薛绪掌,郭文善,等. 不同供水吸力对温室黄瓜光合特性及根系活力的影响[J]. 应用生态学报,2010,21(1):67-73.

[55] 李寿声,彭世彰. 多种水源联合运用非线性规划灌溉模型[J]. 水利学报,1986,1(6):11-19.

[56] 李唯,倪郁,胡自治,等. 植物提水作用研究述评[J]. 西北植物学报,2003,23(6):1056-1062.

[57] 李兴,史海滨,程满金. 集雨补灌对玉米生长及产量的影响[J]. 农业工程学报,2007,123(4):34-38.

[58] 李援农,范兴科,樊慧芳,等. 地膜覆盖灌水对土壤水分变化及作物生长的影响[J]. 水土保持研究,2002,9(2):45-47.

[59] 李援农,马孝义,李建明. 保护地节水灌溉技术[M]. 北京:中国农业出版社,2000.

[60] 李占军,刁承泰. 西南丘陵地区县域农用地经济效益评价研究——以重庆江津区为例[J]. 水土保持研究,2008,15:105-109.

[61] 梁秋霞,曹刚强,苏明杰. 植物叶片衰老研究进展[J]. 中国农学通报,2006,22(8):282-285.

[62] 梁银丽,扬翠玲. 不同类型小麦品种对渗透胁迫的反应[J]. 西北农学报,1995(4):21-25.

[63] 梁宗锁,康绍忠,李新有. 有限供水对玉米产量及其水分利用效率的影响[J]. 西北植物学报,1995,15(1):26-31.

[64] 林琪,侯立白,韩伟,等.干旱胁迫对小麦旗叶活性氧代谢及灌浆速率的影响[J].西北植物学报,2003,23(12):152-156.
[65] 刘国琴,樊卫国.果树对水分胁迫的生理响应[J].西南农业学报,2000,13(1):101-106.
[66] 刘明强,宇振荣,刘云慧.作物养分定量化模型原理及方法比较分析[J].土壤通报,2006,37(3):1-2.
[67] 刘树堂,东先旺,孙朝辉,等.水分胁迫对夏玉米生长发育和产量形成的影响[J].莱阳农学院学报,2003,20(2):98-100.
[68] 刘维峰.农业节水决策支持系统[J].决策与决策支持系统,1996,6(2):31-36.
[69] 刘小刚.节水灌溉条件下作物根区水氮迁移和高效利用机制研究[D].杨凌:西北农林科技大学,2009.
[70] 刘志先.世界玉米经济的现状和发展趋势[J].国外农学——杂粮作物,1998,18(2):7-11.
[71] 罗金耀,李道西.节水灌溉多层次灰色关联综合评价模型研究[J].灌溉排水学报,2003,22(5):31-38.
[72] 吕丽红,王俊,凌莉,等.半干旱地区地膜覆盖、底墒和氮肥对春小麦根系生长的集成效应[J].西北农林科技大学学报:自然科学版,2003,31(3):102-105.
[73] 吕丽华,赵明,赵久然,等.不同施氮量下夏玉米冠层结构及光合特性的变化[J].中国农业科学,2008,41(9):2624-2632.
[74] 马富举,李丹丹,蔡剑,等.干旱胁迫对小麦幼苗根系生长和叶片光合作用的影响[J].应用生态学报,2012,23(3):724-730.
[75] 马瑞昆,蹇家丽,贾秀领,等.供水深度与冬小麦根系发育的关系[J].干旱地区农业研究,1991(3):1-9.
[76] 马兴林,王庆祥,钱成明,等.不同施氮量玉米超高产群体特征研究[J].玉米科学,2008,16(4):158-162.
[77] 毛达如,申建波.植物营养研究方法[M].北京:中国农业大学出版社,2004.
[78] 慕自新.玉米根系特征与其整体水分关系研究[D].杨凌:西北农林科技大学,2003.
[79] 牛俊义,李兴涛,盖玥,等.地膜覆盖栽培对春小麦叶片衰老特性的影响[J].麦类作物学报,2005,25(5):92-95.
[80] 彭志红,彭克勤,胡家金,等.渗透胁迫下植物脯氨酸积累的研究进展[J].中

国农学通报,2002,26(5):533-537.
[81] 彭致功,杨培岭,任树梅,等.再生水灌溉对草坪草生长速率、叶绿素及类胡萝卜素的影响特征[J].农业工程学报,2006,22(10):105-108.
[82] 平文超,张永江,刘连涛,等.棉花根系生长分布及生理特性的研究进展[J].棉花学报,2012,24(2):183-190.
[83] 强秦,曹卫贤,刘文国,等.旱地小麦不同栽培模式对土壤水分和水分生产效率的影响[J].西北植物学报,2004,24(6):1066-1071.
[84] 邱菀华.管理决策与应用熵学[M].北京:机械工业出版社,2002.
[85] 饶宝强,高家合,赵志明,等.揭膜对烤烟产量及品质的影响研究[J].安徽农学通报,2008,14(14):37-38.
[86] 苏正淑,张宪政.几种测定植物叶绿素含量的方法比较[J].植物生理学通讯,1989(5):77-78.
[87] 宿俊吉,邓福军,林海,等.揭膜对陆地棉根际温度、各器官干物质积累和产量、品质的影响[J].棉花学报,2011,23(2):172-177.
[88] 孙彩霞,沈秀瑛,刘志刚.作物抗旱性生理生化机制的研究现状和进展[J].杂粮作物,2002,22(5):285-288..
[89] 孙景生,康绍忠.我国水资源利用现状与节水灌溉发展对策[J].农业工程学报,2002,16(2):1-5.
[90] 孙曦.植物营养原理[M].北京:中国农业出版社,1997.
[91] 山仑,陈培元.旱地农业生理生态基础[M].北京:科学出版社,1998.
[92] 上官周平,李世清.旱地作物氮素营养生理生态[M].北京:科学出版社,2004.
[93] 沈新磊,黄思光,王俊,等.半干旱农田生态系统地膜覆盖模式和施氮对小麦产量和氮效率的效应[J].西北农林科技大学学报:自然科学版,2003,31(1):1-14.
[94] 石明岩,吕锡武,稻森悠平. N_2O 的环境效应及其防逸技术的发展趋势[J].城市环境与城市生态,2002,15(5):45-47.
[95] 石喜,王密侠,姚雅琴,等.水分亏缺对玉米植株干物质累积、水分利用效率及生理指标的影响[J].干旱区研究,2009,26(3):396-399.
[96] 师日鹏,上官宇先,李娜,等.播种量和施氮量对垄沟覆膜栽培冬小麦花后生理性状的影响[J].应用生态学报,2012,23(3):758-764.
[97] 汤瑞凉,郭存芝,董晓娟.灌溉水资源优化调配的熵权系数模型研究[J].河海大学学报:自然科学版,2000,28(1):18-21.

[98] 唐启义,冯明光.实用统计分析及其DPS数据处理系统[M].北京:科学出版社,2006.
[99] 田纪春.氮素追肥后移对小麦子粒产量和旗叶光合特性的影响[J].中国农业科学,2001,34(1):1-4.
[100] 汪景宽,须湘成,张旭东,等.长期地膜覆盖对土壤磷素状况的影响[J].沈阳农业大学学报,1994,25(3):311-315.
[101] 王娟,李德全,谷令坤.不同抗旱性玉米幼苗根系抗氧化系统对水分胁迫的反应[J].西北植物学报,2002,22(2):285-290.
[102] 王进军,柯福来,白鸥,等.不同施氮方式对玉米干物质积累及产量的影响[J].沈阳农业大学学报,2008,39(4):392-395.
[103] 王俊,李凤民,宋秋华,等.地膜覆盖对土壤水温和春小麦产量形成的影响[J].应用生态学报,2003,14(2):205-210.
[104] 王密侠,康绍忠,蔡焕杰,等.调亏对玉米生态特性及产量的影响[J].西北农业大学学报,2000,28(1):31-36.
[105] 王素平,郭世荣,李璟,等.盐胁迫对黄瓜幼苗根系生长和水分利用的影响[J].应用生态学报,2006,17(10):1883-1888.
[106] 王淑芬,张喜英,裴冬.不同供水条件下对冬小麦根系分布、产量及水分利用效率的影响[J].农业工程学报,2006,22(2):27-32.
[107] 王淑娟,田宵鸿,李硕,等.长期地表覆盖及施氮对冬小麦产量及土壤肥力的影响[J].植物营养与肥料学报,2012,18(2):291-299.
[108] 王双,陈家宙,罗勇.施氮水平对不同干旱程度夏玉米生长的影响[J].植物营养与肥料学报,2008,14(4):646-651.
[109] 王晓娟,贾志宽,梁连友,等.不同有机肥量对旱地玉米光合特性和产量的影响[J].应用生态学报,2012,23(2):419-425.
[110] 王旭军,徐庆国,杨知建.水稻叶片衰老生理的研究进展[J].中国农学通报,2005,21(3):187-191.
[111] 王亚琴,梁承邺,黄江康.植物叶片衰老的特性、基因表达及调控[J].华南农业大学学报:自然科学版,2002,23(3):87-90.
[112] 魏道智,宁书菊,林文雄.小麦根系活力变化与叶片衰老的研究[J].应用生态学报,2004,15(9):1565-1569.
[113] 魏虹,林魁,李凤民,等.有限灌溉对半干旱区春小麦根系发育的影响[J].植物生态学报,2000,24(1):106-110.
[114] 魏孝荣,郝明德,张春霞.土壤干旱条件下外源锌、锰对夏玉米光合特性的

影响[J]. 作物学报,2005(8):1101-1104.

[115] 韦彩会. 时空亏缺灌溉和施肥水平对玉米水分利用的效应及其生理机制[D]. 南宁:广西大学,2009.

[116] 武阳,王伟,黄兴法,等. 亏缺灌溉对成龄库尔勒香梨产量与根系生长的影响[J]. 农业机械学报,2012,43(9):78-83.

[117] 吴泽宁,王敬,刘进国. 引黄灌区灌溉效益优化计算模型[J]. 灌溉排水,2002,21(2):8-11.

[118] 肖光顺,李保成,董承光. 揭膜对膜下滴灌早熟陆地棉生理指标的影响[J]. 中国棉花,2009,6(7):18-19.

[119] 谢恒星. 不同灌溉方式下温室甜瓜生长效应及植株液流研究[D]. 杨凌:西北农林科技大学,2010.

[120] 谢华,沈荣开,徐成剑,等. 水、氮效应与叶绿素关系试验研究[J]. 中国农村水利水电,2003,8:40-43.

[121] 熊秀珠,刘纪麟. 玉米植株的形态结构[C]//玉米育种学. 北京:农业出版社,2002:28-36.

[122] 徐洪敏. 栽培模式对黄土高原南部旱作春玉米干物质累积及水、氮利用效率的影响[D]. 杨凌:西北农林科技大学,2010.

[123] 徐丽娜,黄收兵,陶洪斌,等. 不同氮肥模式对夏玉米冠层结构及部分生理和农艺性状的影响[J]. 作物学报,2012,38(2):301-306.

[124] 薛少平,朱琳,姚万生,等. 麦草覆盖与地膜覆盖对旱地可持续利用的影响[J]. 农业工程学报,2002,18(6):71-73.

[125] 阎成士,李德全,张建华. 植物叶片衰老与氧化胁迫[J]. 植物学通报,1999,16(4):398-404.

[126] 闫勇,罗兴录,张兴思,等. 不同供水条件下玉米耐旱生理特性比较[J]. 中国农学通报,2007,23(9):323-326.

[127] 杨德光,牛海燕,张洪旭,等. 氮胁迫和非胁迫对春玉米产量和品质的影响[J]. 玉米科学,2008,16(4):55-57.

[128] 杨恩琼,袁玲,何腾兵,等. 干旱胁迫对高油玉米根系生长发育和籽粒产量与品质的影响[J]. 土壤通报,2009(40):85-88.

[129] 杨国航,陈国平,王荣焕,等. 不同氮肥和密度水平对京单28产量效应的研究[J]. 玉米科学,2008,16(4):176-178.

[130] 杨建设,许育彬. 论小麦抗旱丰产的根区调控问题[J]. 干旱地区农业研究,1997,15(1):50-57.

[131] 杨开云,王亮,朱峰,等.改进的熵权模糊评价模型在水利工程的应用[J].节水灌溉,2007(8):60-62.

[132] 杨凌气象局.2012.杨凌农业气象月报[M].http://www.ylqx.gov.cn/show.php? articleid=630.html[2012-11-31].

[133] 杨启良,张富仓,刘小刚,等.控制性分根区交替滴灌对苹果幼树形态特征与根系水分传导的影响[J].应用生态学报,2012,23(5):1233-1239.

[134] 杨淑慎,高俊凤,李学俊.高等植物叶片的衰老[J].西北植物学报,2001,21(6):1271-1277.

[135] 杨小虎.追氮量及形态配比对烤烟生长和土壤无机氮素的影响[D].杨凌:西北农林科技大学,2011.

[136] 杨志晓,张小全,毕庆文,等.不同覆盖方式对烤烟成熟期根系活力和叶片衰老特性的影响[J].华北农学报,2009,24(2):153-157.

[137] 鱼欢.施氮量、氮源及栽培模式对小麦、玉米生理特性及产量的影响[D].杨凌:西北农林科技大学,2009.

[138] 岳田利,彭帮柱,袁亚宏,等.基于主成分分析法的苹果酒香气质量评价模型的构建[J].农业工程学报,2007,23(6):223-227.

[139] 云建英,杨甲定,赵哈林.干旱和高温对植物光合作用的影响机制研究进展[J].西北植物学报,2006,26(3):641-648.

[140] 邹承鲁.当代生物学[M].北京:中国致公出版社,2000.

[141] 战秀梅,韩晓日,杨劲峰,等.不同施肥处理对玉米生育后期叶片保护酶活性及膜脂过氧化作用的影响[J].玉米科学,2007,15(1):123-127.

[142] 张厚华.灌溉、覆盖对玉米生理及产量的影响[D].杨凌:西北农林科技大学,2001.

[143] 张布翀,黄高宝.干旱环境下春小麦最优调亏灌溉制度确定[J].灌溉排水学报,2008,27(1):69-72.

[144] 张宏,周建斌,刘瑞,等.不同栽培模式及施氮对半旱地冬小麦/夏玉米氮素累积、分配及氮肥利用率的影响[J].植物营养与肥料学报,2011,17(1):1-8.

[145] 张寄阳,刘祖贵,段爱旺,等.棉花对水分胁迫及复水的生理生态响应[J].棉花学报,2006,18(6):398-399.

[146] 张黎萍,荆奇,戴廷波,等.温度和光照强度对不同品质类型小麦旗叶光合特性和衰老的影响[J].应用生态学报,2008,19(2):311-316.

[147] 张明,同延安,郭俊炜,等.陕西关中小麦/玉米轮作区氮肥用量及施氮现状

评估[J]. 西北农林科技大学学报:自然科学版,2011,39(4):152-157.

[148] 张维强,沈秀瑛. 水分胁迫和复水对玉米叶片光合速率的影响[J]. 华北农学报,1994,9(3):44-47.

[149] 张文丽,张彤,吴冬秀. 土壤逐渐干旱下玉米幼苗光合速率与蒸腾速率变化的研究[J]. 生态农业学报,2006,14(2):72-75.

[150] 张绪成,上官周平. 不同抗旱性小麦叶片膜脂过氧化的氮素调控机制[J]. 植物营养与肥料学报,2007,13(1):106-112.

[151] 张英普,何武全,韩健. 水分胁迫对玉米生理生态特性的影响[J]. 西北水资源与水工程,1999,10(3):18-21.

[152] 赵鸿. 黄土高原(定西)旱作农田垄沟覆膜对马铃薯产量和水分利用效率影响[D]. 兰州:兰州大学,2012.

[153] 赵俊晔,于振文. 施氮量对小麦旗叶光合速率和光化学效率、籽粒产量与蛋白质含量的影响[J]. 麦类作物学报,2006,26(5):92-96.

[154] 赵丽英,邓西平,山仑. 水分亏缺下作物补偿效应类型及机制研究概述[J]. 应用生态学报,2004,15(3):532-526.

[155] 赵艳花,张鹏,王朝明,等. 氮肥用量与追肥方式对安单 3 号产量的影响[J]. 种子,2008,27(8):71-73.

[156] 郑健. 温室小型西瓜高效用水机理及灌溉模式研究[D]. 杨凌:西北农林科技大学,2009.

[157] 周惠成,张改红,王国利. 基于熵权的水库防洪调度多目标决策方法及应用[J]. 水利学报,2007,38(1):100-106.

[158] 朱维琴,吴良欢,陶勤南. 不同氮营养对干旱逆境下水稻生长及抗氧化性能的影响研究[J]. 植物营养与肥料学报,2006,12(4):506-510.

[159] Al Assir I A, Rubeiz I G, Khoury R Y. Response of fall greenhouse cos lettuce to clear mulch and nitrogen fertilizer[J]. J Plant Nutr, 1991, 14(10):1017-1022.

[160] Banziger M, Edmeades G O, Beck D. Breeding for dorught and nitorgen stress to tolerance in Maize: From Theory to Practice. Mexico[J]. D. E: CIMMYT, 2000: 20-21.

[161] Bohnert H J, Jensen R G. Strategies for engineering water – stress tolerance in plants[J]. Trends Biotech, 1996(14):89-95.

[162] Borras L, Otegui M E. Maize kernel weight response to post – flowering source – sink ratio[J]. Crop Science, 2001, 49:1816-1822.

[163] Cook H F, Valdes Gerardo S B, Lee H C. Mulch effects on rainfall interception,

soil physical characteristics and temperature under Zea mays L[J]. Soil & Tillage Research,2006,91:227-235.

[164] Costagli G,Gucci R,Rapoport H F. Growth and development of fruits of olive 'Frontoio' under irrigation and rainfed conditions [J]. The Journal of Horticultural Science and Biotechnology,2003,78:119-124.

[165] Davies W J,Zhang J. Root signals and the regulation of growth and development of plants in drying soil[J]. Annu Rev Plant Physiol Plant Mol Biol,1991,42: 55-76.

[166] Delauney A J,Verma D P S. Proline biosynthesis and osmoregulation in plants [J]. Plant Journal,1995,4:215-223.

[167] Ebel R C,Proebsting E L,Evans R G. Apple tree and fruit responses to early termination of irrigation in a semi – arid environment[J]. Horticultural Science, 2001,36:1197-1201.

[168] Efeoglu B,Kmekci E,Cicek N. Physioligical responses of three maize cultivars to drought stress and recovery[J]. South Africa Journalof Botany,doi:10. 1016/j. sajb,2008-06-05.

[169] Evans J R. Niortgen and Photosynthesis in the flag leaf of wheat[J]. Plant Physiolo,1983(72):297-302.

[170] Gambin B L,Lucas B L,Mara E O. Kernel water relations and duration of grain filling in maize temperate hybrids[J]. Field Crops Research,2007,101:1-9.

[171] Garder F P, Peare R B, Mitcheu R L. Physiology of crop plants[M]. Ames Zowa: State University Press,1985.

[172] Ghosh P K, Dayal Devi, Bandyopadhyay K K, et al. Evaluation of straw and polythene mulch for enhancing productivity of irrigated summer groundnut[J]. Field Crops Research,2006,99:76-86.

[173] Grant R E,Jackson B S,Kiniry. Water deficit timing effects on yield components in maize[J]. Agron,1989,81:61-65.

[174] Halliwell B. Chloroplasts. Metabolism[M]. Oxford: Clarendon Press,1981.

[175] Harman D. Aging: a theory based on free radical and radiation chemistry[J]. Journal of Gerontology,1956,11(3): 298-300.

[176] Heath R L,Packer L.. Photoperoxidation in isolated chloroplasts. Ⅰ. Kinetics and stoichiometry of fatty acid peroxidation[J]. Arch Biochem Biophys,1968, 125:189-198.

[177] Lall A, Sekar V, Ogihara M. Data streaming algorithms for estimating entropy of network traffic[J]. Performance Evaluation Review, 2006, 34(1): 145-156.

[178] Li F M, Wang J, Xu J Z, et al. Productivity and soil response to plastic film mulching durations for spring wheat on entisols in the semiarid Loess Plateau of China[J]. Soil & Tillage Research, 2004, 78: 9-20.

[179] Li F M, Wang P, Wang J. Effects of irrigation before sowing and plastic film mulching on yield and water uptake of spring wheat in semiarid Loess Plateau of China[J]. Agriculture Water Management, 2004, 67: 77-88.

[180] Marcelis L F. Simulation of plant-water relations and photosynthesis of greenhouse crops[J]. Scientia Horticulture, 1989, 41: 19-18.

[181] Marschner H. Mineral nutrition of higher plants[M]. San Diego, CA: Academic Press, 1995.

[182] Michelena V A, Boyer J S. Complete turgor maintenance at low water potentials in the elongating region of maize leaves[J]. Plant Physiol, 1982, 69: 1145-1149.

[183] Mohammadi M, Karr A L. Membrane lipid peroxidation, nitrogen fixation and leghemoglobin content in soybean root nodules[J]. Journal of Plant physiology, 2001, 158(1): 9-19.

[184] Niu J Y, Gan J W, Zhang J W, et al. Post anthesis dry matter accumulation and redistribution in spring wheat mulched with plastic film[J]. Crop Science, 1998, 38: 1562-1568.

[185] Quezada M R, Munguia J P, Linares C. Plastic mulching and availability of soil nutrients in cucumber crop[J]. TERRA (Mexico), 1995, 13: 136-147.

[186] Recep C. Effects of water stress at different development stages on vegetative and reproductive growth of maize[J]. Field Crops Research, 2004, 89: 1-16.

[187] Ribaut J M. Identification of quantitative trait loci under drought conditions in tropical maize flowing parameters and the anthesis-silking interval[J]. Theor AppL Genet, 1996, (92): 905-914.

[188] Subramanian V B. Compensatory growth response during reproductive phase of cowpea after stress[J]. Agon and crop sci, 1992, 168: 85-90.

[189] Valentinuz O R, Tollenaar M. Vertical profile of leaf senescence during the grain-filling period in older and newer maize hybrids[J]. Crop Science, 2004, 44: 827-834.

[190] Walker R. Entropy and the evaluation of labour market interventions[J].

Evaluation,2007,13:193-219.

[191] Williams J R, Buller O H, Dvorak G J, et al. A microcomputer model for irrigation system evalution[J]. Southern Journal of Agricultural Economics, 1988,20:10-16.

[192] Woolhouse H W. The biochemistry and regulation of senescence in chloroplasts [J]. Canadican Journal of Botany,1984,62: 2934-2942.

[193] Zeng Z S,Ai F Q,Zhang Y F. Effects of planting density,duration of disclosing plastic film and nitrogen fertilization on the growth dynamics of rapeseed under no-tillage cultivation[J]. Agricultural Science & Technology,2009,10(1):130-134.